自立——莫待花谢空折枝

姜 越 编著

研究出版社

图书在版编目（CIP）数据

自 立：莫待花谢空折枝 / 姜越编著 . — 北京：研究出版社，2010.4

ISBN 978-7-80168-564-3

Ⅰ . ①自… Ⅱ . ①姜… Ⅲ . ①成功心理学 – 青少年读物 Ⅳ . ① B848.4–49

中国版本图书馆 CIP 数据核字（2010）第 047662 号

责任编辑：张　璐　孙晓萌

自立——莫待花谢空折枝

作　　者：姜　越　编著
出版发行：研究出版社
地　　址：北京市朝阳区安定门外安华里 504 号 A 座（100011）
电　　话：010–64217619 64217612（发行中心）
网　　址：www.yanjiuchubanshe.com
经　　销：新华书店
印　　刷：三河市同力彩印有限公司
版　　次：2010 年 4 月第 1 版　2020 年 1 月第 2 次印刷
开　　本：787mm × 1092mm　1/16
印　　张：16
字　　数：200 千字
书　　号：ISBN 978-7-80168-564-3
定　　价：30.00 元

前 序

让自立伴随自己走向成功人生

青少年只有生活自理，才能有利于其自强自立。若在生活方面缺乏自理能力，必将造成其性格上的依赖性。青少年尽早生活自理，是将来自主生活、独立工作、自立自强的必要前提。

在不断地学习与生活中，青少年必然会遇到各种各样的困难和挫折。面对这些困难和挫折，有些青少年向父母求助，有些青少年采取回避的态度……这些都不利于其自立能力的培养。作为青少年，应该深深地意识到：人生本来就是充满矛盾和曲折的，虽然偶尔可以回避一个矛盾，但不可能回避所有的矛盾，虽然暂时可以求助于父母，却不可能终生求助父母。对于青少年的成长而言，其未来的工作、生活乃至其一生，自主自立能力比读书、成绩更重要，它是其成长中最基本的素质，是其成才的必要前提。然而，自立并非一蹴而就，它需要青少年从现在就开始培养个人生活与生存的能力。唯有如此，才能以最快的速度适应社会，才能以最快的步伐迈向卓越。

易卜生先生曾经说过："世界上最坚强的人就是独立的人。"的确如此，只有自立的个人才会有所作为，自立的国家才会不受欺负，实现繁荣富强。陶行知先生也曾说过："滴自己的汗，吃自己的饭，靠人，靠天靠祖上，不算好汉。"这些话语无疑说明了人们尤其是青少年要学会自立，更要懂得自立。对于青少年来说，总有一天他们会长大成人，许多事情都需要自己进行解决，需要自己独立面对，不能凡事都依赖于他人，毕竟不懂得自立的人就会被社会所淘汰。

《自立——莫待花谢空折枝》正是从青少年学习、生活等各个方面，以简洁短篇，有针对性地给出一些行之有效的解决方法，从而帮助青少年真正培养其自立的能力，为其以后立足社会奠定坚实的基础。

《自立——莫待花谢空折枝》既是青少年自立、自强的良师益友，又是“父母之爱子，则为之计深远”的得力助手。

若木

2010年4月26日于北京·天通苑

前言

Preface

任何时候都要把命运抓在自己手里，中国有句老话："自己动手，丰衣足食。"

唯有自立自强，才能赢得尊严和权力，一个国家是如此，一个民族是如此，一个人也是如此！

生活在21世纪的青少年，在父母的呵护之下，过着衣来伸手，饭来张口的无忧无虑的生活。然而，长期处于这种优越的环境下，必将会丧失斗志和自立的能力，严重阻碍了青少年将来成功的道路。

自从我国实行计划生育以来，每个家庭只能生一个孩子，因此，孩子成了父母的心头肉，宝贝儿，饭来张口，衣来伸手，生怕孩子累着了、吓着了。久而久之，孩子养成了依赖心理，如果缺少帮助甚至连最简单的事情都不能完成。

有这样一位同学，在新学期开学第一天，妈妈给他煮了两个鸡蛋让他带上在学校吃。可是当他放学回到家时，他却把鸡蛋原封不动地带了回来。妈妈问他不饿吗？他却回答说："鸡蛋上没有裂缝，怎么剥啊？"不要怀疑，这是事实！是发生在未来将要承担祖国重任的下一代身上的事实。

有些人认为：青少年只需要一心一意地去面对学习，把心思全部放在学习上，其他事情都不用去管。其实，并不是这样的。青少年正处于学习知识的大好时机，努力学习固然很重要，但自立是必不可少的。

纵观古今、横看中外，凡事有成就的人都有一个共同的特点，那就是凡事依靠自己。如今，日益激烈的社会竞争，要求一个人从幼年时就应当具备基本的生活和生存能力，具备最基本的面对问题、解决问题的素质。只有从小时候就培养这样的素质，才能以最快的速度适应社会，才能以最快的速度迈向卓越。

可想而知，那些长期过着寄生生活的青少年，已经丧失了捕食的本领、生存的能力。教训是悲痛的，所以，那些仍躲在父母呵护下的“小皇帝”“小公主”们，从现在开始尽情地飞翔吧，见证自己，培养自理自立的能力；翱翔于蓝天，搏击于风浪，那才是我们健康成长的天空！

“青年强则国强”，让我们以自立的英姿去迎接21世纪的曙光吧！

《自立——莫待花谢空折枝》将影响青少年的一生，使你成为一名杰出的青少年，为今后立足于社会打下坚实的基础。

Contents 目录

上篇 做自己的国王

对青少年的成长来说，其未来的工作、生活乃至青少年的一生，自主自立能力比读书、成绩更重要，它是孩子成长中最基本的素质，是成才的前提。古今中外，凡是有成就的人，都有一个共同的特点，那就是凡事依靠自己，依靠自己可以提高智力、锻炼能力、磨炼毅力、增添魄力……

人唯有自立，方能为自己赢得尊严和权利，一个国家是如此，一个民族是如此，一个人也是如此！

青少年在学习和生活中难免会遇到许许多多的困难和挫折，面对这些困难和挫折，有些青少年向父母求助，也有些青少年采取回避的态度。其实，这些都不利于青少年自主能力的培养。

人生充满了矛盾和曲折，回避了一个矛盾，不可能回避所有的矛盾；我们暂时求得了父母的帮助，但不可能终生求助父母。面对人生的坎坷曲折，青少年朋友必须勇于接受并自主地去解决，只有这样，才能尽早地培养自己的自立能力，做一名适应生活的强者。也唯有此时，青少年朋友才会真心感觉到："我长大了。"

如今，很多的青少年均是独生子女，从小生活在没有兄弟姐妹的环境中。由于现代家庭往往是独门独户，由于家长担心孩子在外面受到"伤害"，所以，目前青少年失去了很多与同龄人接触的机会，一部分青少年得不到锻炼而变得胆小，以自我为中心，不懂得友爱，不善于合作，缺乏必要的责任感与公德意识。所以，青少年要敢于走向社会，走向人群，锻炼自立的能力。

中篇 为明天的生活投资

生活自理需要青少年养成良好的生活习惯，良好的生活习惯不但能够促进青少年的身心健康，而且还对其的未来发展有一定的间接作用。青少年精力旺盛，又处于长身体、长知识的阶段，良好的生活习惯是确保他们顺利度过人生的重要基础，为了使其身心健康，每一个青少年都应该切实重视培养其自立的品质，从而形成一种良好的生活习惯。

独立思考与决策是工作与学习的需要，更是成功必不可少的秘密武器。生活中，对于青少年来说，学习是第一天职。若能够以自立为前提而进行学习，那么他必将会得到一种比较好的学习效果。从某种程度而言，自立能够促使青少年把其更多的精力投入到某一方面，如果他们能够把大量的精力调整到学习上，那么，其就会在此方面比他人多出一些胜算的筹码。

伟大的革命导师马克思曾经说过：人是各种社会关系的总和，每个人都不是孤立存在的，他必定存在于各种社会关系之中，如何理顺这些关系、如何提高生活质量就涉及了社交能力的问题。对于青少年而言，良好的人际交往能力及良好的人际关系是其生存和发展的必要条件，在不断地人际交往中，他们应该学会自立，只有这样，才能使其更好地形成与发展健康的个性品质。

下篇 立志高远，谋求独立

立志，即确定一个长远的目标，再制定达成目标的步骤，在这基础上努力进取，且不断调整理论与实践的差距的过程。在这个过程中，我们要有不服输的精神和艰苦朴素的作风，有一颗真诚的心，有改变现状的勇气和志气。

是雄鹰就应该让自己拥有展翅高飞的志向，是猛虎就应该让自己具备声

震山谷的志向，做人也同样如此。在这个世界上，成功只属于那些拥有远大志向的人，那些胸无大志之人永远都不可能走在世界的前列。对于青少年来说，让自己拥有远大的志向更是迈出人生第一步，有了志向才会有奋斗的动力，有了志向才能有搏击的勇气。

成功永远属于具有崇高理想、坚定信念的艰苦奋斗的人。

意志坚定能使得人的生命力最大限度地飞扬，挥洒，败也败出动人心魄的辉煌。而为人，成就一番这般的败绩，也不虚此生。对于青少年来说，既然所有的比赛，所有的竞争，只有极少的胜出者，既然社会上的绝大多数，注定要做普通人、穷人或者小康人，我们与其着眼意志对美好结局的作用，不如关注在它的导引下，使生命的质量与人格得到升华。

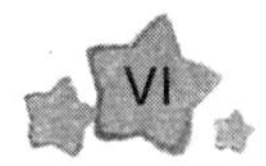

第十章 志须励，天生我材必有用 / 225

对于青少年而言，不要总是以为自己是一个失败的人。天生我材必有用，换而言之也就是说，人无完人，每个人都有自己的缺点，与此同时也有自己的优点。我们应该对自己充满信心，善于发现自己的优势所在，不论在何种境遇下，都要不断地暗示自己："我一定能行！"

上篇

做自己的国王

第一章

自立改变命运，立志成就人生

对青少年的成长来说，其未来的工作、生活乃至青少年的一生，自主自立能力比读书、成绩更重要，它是孩子成长中最基本的素质，是成才的前提。古今中外，凡是有成就的人，都有一个共同的特点，那就是凡事依靠自己，依靠自己可以提高智力、锻炼能力、磨炼毅力、增添魄力……

人唯有自立，方能为自己赢得尊严和权利，一个国家是如此，一个民族是如此，一个人也是如此!

1 自强照亮人生，自立改变命运

自强自立是中华民族的一种高尚品质，一种传统美德。它是支持着中国人自立于世界民族之林的一种精神，一种信念，一种境界，是流淌在中华民族文明血管中生生不息的血液，是中国人民代代相传的传世之宝。

《易经》云：“天行健，君子以自强不息。”自强不息，是中华民族伟大的精神所在，是一个国家能够不断发展与强盛的动力之源。如果一个人不论面对什么困难，都能够百折不挠、自强不息，那么毫无疑问，成功必将属于他。

§自强照亮人生，自强者自立

中国十大优秀感动人物洪战辉，连续12年自强自立，带着妹妹上学。

一位23岁的男生，每天穿梭在大学校园里，同学们都会看到他用自行车把一个10多岁的小女孩送到石门小学。晚上再接回到他的住处一男生宿舍下的楼梯间。没有人知道，这位10多岁的小女孩和他居然没有任何血缘关系，原来是犯有间歇性精神病的父亲捡来的弃婴。由于母亲离家出走，这位捡来的妹妹，而由他一手带大。从高中时候起，他就把这位毫无血缘关系的妹妹带在身边，一边读书一边照顾年幼的妹妹，平常就靠做点小生意和打零工来维持生活。他由此从男孩开始变成了苦难打不倒的男子汉．在贫困中求学，在艰辛中自强自立。

他没有抱怨命运的不公，没有怨天尤人，在遭遇人生狂风暴雨的时候，他用自强战胜了面临的困境。当他还是一个孩子的时候，就对另一个更弱小的孩子担起了责任，就要撑起困境中的家庭，就要学会友善、

勇敢和坚强。生活已经让他明白人生的意义，挫折、失败、灾难也只是人生中不可避免的内容，用自强的法宝战胜它们，在于其永不言败的坚韧不屈，在于自己的拼搏、奋斗。

中学生是“八九点钟的太阳”，你们朝气蓬勃，充满活力，对未来充满了美好的想象和憧憬，21世纪的中学生更是“集万千宠爱于一身”。然而，这既是你们的荣幸，又是你们的不幸。因为安逸的生活使人们在你们身上难以看到“自强不息”的影子，你们就像温室里的花朵，经不起风吹雨打的考验，稍不注意就容易凋零。把祖国的未来交给这样一群年轻人，不得不让人忧心忡忡。因此，作为一个新时代的中学生，要时刻准备好，培养自己自强不息的精神，担任起建设美好祖国的重任。

自强不息，是一种积极的人生态度，是催人奋进和获取成功的法宝，是中华民族可贵的民族精神，是少年敲开成功之门的金钥匙。即使在艰难险恶的环境中，中学生也要不断地磨炼自己的才干和智慧，做出卓有成效的努力。有了自强不息的精神，就会使人产生源源不断的信心，就能最大限度地发挥自身潜在的力量，就可以排除万难面对现实，最终敲开成功的大门。反之，若是一个人缺少了自强不息的精神，就会轻易地服输低头，压抑了自我发展的想法和潜力，成功又怎会亲而近之呢？

在人生狂风暴雨到来的时候，不要畏惧，更不要退却，要用自强的精神战胜一切。它是在命运之风暴中奋斗的汲汲动力，是在残酷现实中拼搏的中流砥柱，用自强的精神照亮人生，是青少年朋友在成长道路上需要拥有的。

§ 自立起来，敢于向命运挑战

被世人称为“宇宙之王”的史蒂芬·霍金，当得知自己患上了不治之症——肌萎缩性侧索硬化症，在几年之内就要结束生命时，他像所有得知自己患上绝症的病人一样，不断地向上苍发问，感到十分绝望。可是，经过一段痛苦的挣扎后，他明白了生命的意义，开始利用有限的生命为人类多做贡献。

在剩余的日子里，他学会了自立，在绝望中振作起来，去和命运做斗争。全身只有三根手指会动的他，在轮椅上坐了30多年，撰写了科普巨著《时间简史》。他在科学界的声誉可与爱因斯坦和牛顿比肩，是一个当代最杰出的理论物理学家，一个探索宇宙奥秘的科学巨人，一个书写着科学神话的诗人，更是一个坐着轮椅，挑战命运的勇士！

其实，在我们的生活中，大家也应该像霍金一样，学会不怕困难，不怕挫折，从绝望中振作，不失去信心，从哪里跌倒就从哪里爬起来。学会自立，做掌握命运的主人。翻开历史的画卷，像霍金，一样具有毅力的人，数不胜数，司马迁、江竹筠、张海迪、洪战辉等，都成了当代中学生学习的榜样、奋斗的典型！

很多青少年难免会问道：我们怎样才能自立起来？我们怎样摆脱对大人的依赖，学会独立生活？

第一，自己的事情自己做。著名教育家陶行知先生曾写过一首《自立歌》：“滴自己的汗，吃自己的饭，自己的事情自己干，靠人，靠天，靠祖宗，不算是好汉。”青少年的自制力差，为了督促自己，我们可以把自己应该做的事情一件一件列出来，然后逐步去培养自己的自理能力。低年级学生可以从自我服务做起，穿衣叠被，系鞋带，整理书包，在学校值日等；到了中年级洗小件的衣服、洗碗、扫地、帮妈妈买小商品、招待客人，在学校布置教室、美化校园等；高年级学生可以学做简单的饭菜，用电器，修理桌椅等。

第二，自己的主意自己拿。我们应树立自立意识，学会自主决策，不随波逐流。自主决策就是根据自己的兴趣、爱好和特长，确定一个明确的目标，做出决定，做自己想做的事情，并下决心把它做好。有的学生喜欢看书，有的学生喜欢画画，有的学生喜欢踢球……每个人的兴趣爱好都不一样，我们应该自己拿主意，自己发现问题，分析和解决问题，自己确定行动目标，自己判断和拟定行为方案。

第三，自己管理自己。自我管理能力是自立能力的一个重要因素。要学会自己管理自己，首先要克服一些不良习惯，如懒惰、有始无终、拖拖拉拉、无计划、马虎凑合、轻易原谅自己等；其次要树立奋斗的目标，目标的确立不仅要根据自身的条件，如兴趣、爱好、智力、能力、

气质、性格，还要考虑环境条件；最后要积极参与多种活动，在学习活动、体育运动、社会服务等活动中锻炼我们的自我管理能力。

亲爱的青少年朋友，我们已经长大，相信我们每个人都不想永远躲在大人的影子里，而希望自己去开辟出一片新天地。生活是充满困难与挫折的，我们要学会凭借自己的力量去克服和战胜它们，养成独立自主地好习惯。我们不应该做温室里的花朵，要做冰天雪地里傲然绽放的梅花；我们不应该做笼中之鸟，要做展翅翱翔的雄鹰；我们不应该成为生长在绿荫下的小树，而要做暴风骤雨中毅然挺立的劲松。

那么，请学会独立，自力更生，努力做一个自强自立的、生活中的强者吧！

2 有志者，事竟成

蒲松岭先生曾经说过："有志者，事竟成，破釜沉舟，百二秦关终属楚；苦心人、天不负，卧薪尝胆，三千越甲可吞吴。"古人常说："有志不在年高，无志空活百岁"；"三军可以夺帅，匹夫不可夺志也。"这些经历岁月的打磨依然闪烁着金子般光芒的警句名言，无不说明志气的重要性。周总理少年时立下"为中华崛起而读书"的大志，他一生为党和人民做出了巨大的贡献；爱国主义诗人屈原被放逐途中仍不失大志，他的"路漫漫其修远兮，吾将上下而求索"，不知激励了多少人。

每个人，乃至一切生物，在世间生存并不是一件容易的事。大马哈鱼为了繁衍后代，常常突破一切障碍逆水而上；燕子为了避寒，每年都要不远千里横越大海。动物尚且如此，对于人们尤其是青少年而言，就更应该有一种屡败屡战、永不言败、顽强到底的自立精神。

§ 志气，人生大厦的支柱

东汉时期，有一个名叫耿弇的读书人。从小就认真学习兵书，演练

武艺，立志将来为国家效力。由于耿弁英勇善战，足智多谋，屡建战功，很快便被升为大将军。

一天，耿弁向皇帝要求带兵北上，平定割据势力。皇帝听后，感到十分高兴，但又觉得这样不可能轻而易举地获得成功。耿弇说：“大王，只要我们立定志向，坚持不懈，就一定可以成功的！”

皇帝答应了。耿弁率兵北上，运用声东击西的战术，连战连胜，很快就平定了一大部分割据势力。接着，耿弁又率领大军向军阀张步盘踞的地盘推进。双方在临淄摆开了阵势，一场短兵相接的战斗杀得天昏地暗。这时，一支箭突然直飞过来，射中耿弁大腿，他拔出佩剑，砍断箭杆，继续作战，把张步打得大败而逃，这才想起腿上还有一枚箭头。

皇帝称赞耿弁说：“将军以前提出的计划，我还担心难以实现，但你终于做到了。这真是‘有志者事竟成，啊！”

汉光武帝所讲的“有志者事竟成”，后来常被人们引用，而成了一个成语。“志”是志气；“竟”是终于。这个成语的意思就是：人只要有志气、有决心，尽管能够遇到不计其数的困难和挫折，但一定能够达到目标。

一个人若没有志向，就如同船没有舵一样，在茫茫的大海里，将会失去方向感。相反，一个人从小就立志，不论遇到任何困难，都会不断朝着目标前进，结果必定会赢得成功。因此，若要成就大事，取得成功，除下有超群的才学，非凡的勇气，还要有一颗大志之心。

君志所向，一往无前，愈挫愈奋，再接再厉。失败了，不要紧，只要心中还存着“志”，知难而进、愈挫愈勇、再接再厉。对于青少年而言，在人生的跑道上，你跑累了，体力耗尽了，没关系，只要你有“意志”，它就会为你提供能量，从而不会使你感到疲倦。

在动荡不安的东晋，有一个有名的诗人，他从小喜欢读书，不想求官，家里虽然穷得常常揭不开锅，但他还是照样读书、作诗，自得其乐。

陶渊明是在贫困交加中离开人世，他选择了缺衣少食的贫困生活，却获得了心灵的自由和人格的尊严，并且在回归田园的生活中开创了一代文风，他的那种不为五斗米折腰的高风亮节，成为中国后代文人和所有中国人的楷模。

辛弃疾《南乡子》里有这样一句话：“天下英雄谁敌手？曹、刘，生子当如孙仲谋。”孙仲谋就是孙权，不到二十就继承父兄基业称雄江东，但他并不满足占有东南半壁江山，尽管他对阵的是拥有“卧龙”诸葛孔明的刘备，麾下猛将如云、谋士如雨的曹操，但他丝毫都不在乎，因为他始终牢记“须知少日拿云志，曾许人间第一流”。终使一代枭雄曹操也不能不赞叹道：“生子当如孙仲谋”！

不同的人有不同的志气，喜好田园志在平淡者，如陶渊明；志在报效祖国者，如陆游；志在拯救人民者，如孙中山；志在金钱者，如巴尔扎克笔下的葛朗台老头……不管他们的目标有何不同，但都有一个共同点：志气是他们人生大厦的支柱。

§ 有志者，必定成功

盲人威尔逊先生是一位成功的商业家，经过多年的奋斗，他从一个普普通通的小职员而拥有属于自己的公司和办公楼，并因此受到很多人的尊敬。

有一天，威尔逊在街上碰到一个盲人乞丐，他掏出1 00美元递给盲人后正准备离开，盲人拉住他，喋喋不休地说：“您不知道，其实我并不是一生下来就瞎眼的，都是2 3年前布尔顿的那次事故！太可怕了！”

威尔逊一惊，问道：“你是在那次化工厂爆炸中失明的吗？”盲人仿佛遇见了知音，兴奋地连连点头：“是啊，是啊，莫非您也知道？这也难怪，在那次事故中，光炸死的人就有9 3个，伤的人好几百，那可是头条新闻啊！”

盲人越说越激动：“您不知道当时的情况，火一下子冒了出来！仿佛是从地狱中冒出来的！逃命的人群都挤在一起，我好不容易冲到门口，可一个大个子在我身后大喊：‘让我先出去！我还年轻，我不想死！，那个年轻人把我推倒了，踩。着我的身体跑了出去！我当时已失去了知觉，等我醒来后，就成了瞎子，命运真是不公平啊！”

威尔逊冷冷地说：“事实恐怕不是这样吧？你说反了。”

盲人一惊，用空洞的眼睛呆呆地对着威尔逊。威尔逊一字一顿地说："我当时也在布尔顿化工厂当工人，是你从我的身上踏过去的！你长得比我高大，你说的那句话，我永远都忘不了！"

盲人站了好长时间，突然一把抓住威尔逊，爆发出一阵大笑："这就是命运啊！不公平的命运！你在里面，现在出人头地了，我跑了出去，却成了一个没有用的瞎子！"

威尔逊用力推开盲人的手，举起手中一根精致的棕榈手杖，平静地说："你知道吗？我也是一个瞎子。你相信命运，可是我却不相信。"

这就是坚强而有志气的威尔逊先生，一个不屈服于命运的强者。威尔逊虽然目盲，但知道自立，终成一片光辉的事业，而一些健全者反倒用乞求博取路人的同情。人与人相比，真有天大的区别啊！

"枥骥不忘千里志，病鸿终有赤霄心。""壮心未与年俱老，死去犹能做鬼雄。"一句句警语告诉青少年：不论什么时候都不应该忘记自己的志向，自己的理想。"文王拘而演《周易》；仲尼厄而作《春秋》；屈原放逐，赋有《离骚》；左丘失明，厥有《国语》；孙子膑脚，兵法修列；不韦迁蜀，世传《吕览》；韩非囚秦，《说难》，《孤愤》。"这些圣贤即使在落魄不得意时，也能创出如此伟绩，就是因为他们始终执着于自己的志向。"莫道桑榆晚，为霞尚满天。"

苏轼说过："古之立大事者，不惟有超世之才，亦必有坚忍不拔之志。"也在告诉青少年：做人要做一个有志气的人。

人生路上不可能总是铺满鲜花的，关键是在遇到痛苦、忧愁和烦恼时，怎样对待困境，如何保持清醒的头脑，去战胜重重的困难。

人贵有志，有志者事竟成。一个有志气的人，是没有克服不了的困难的。古人云："廉者不受嗟来之食。"跪着来钱虽然有时很容易，但得到金钱的同时却失去了最宝贵的尊严。我们在不断追求、奋斗的过程中，必定会遇到困难和挫折，有时可能会放弃自己的信念，进而不思进取。其实，人生中的困难是难免的，关键是有志气，相信有志者事竟成，只有这样，人生才会更加有意义。

俗话说：锲而不舍，金石可镂。对于青少年而言，只要心中长存着"沧海可填山可移"的大志，相信，在其人生路上，成功会一直伴随左右。世上没有恒常的失败。在失败之后，继续保持奋发向上、百折不回

的志气，成功定会属于他。英国有句名言：没有一种工作是旷日持久的，只要你有志气去完成。志气不泯，你会体会到成功的快感，品味到“直挂云帆济沧海”的快意。

3 百学须先立志

南宋著名理学家、哲学家朱熹日：百学须先立志。即无论做什么学问，都需要先立下远大志向。一个头脑中没有志向的人，学什么都将会一事无成。这就犹如一艘在大海中行驶的航船，没有航标，漫无目的地漂泊着。

现在，“你打算将来干什么？”这是生活中出现频率最高的问题之一，尤其是朝气蓬勃的中学生。的确，理想和未来对每一个人来说都是一个让人伤脑筋又十分关键的问题。罗曼·罗兰曾说过：“没有志向的青年，就像断线的风筝，只会在空中东摇西晃，最后必然丧失前程。”人只有有了志向，生活才会有芳香，人生的价值、意义和境界，才能在对志向的追求过程中得到好的体现。所以，要敢于把自己的人生目标定位到成才的坐标之上并为之不断地去努力。只有这样，自己的中学生活才会更加丰富而充实；只有这样，才能更加完善自己的人生。

§ 凡事预则立，不预则废

某省的一位高考文科状元，在给他的学弟学妹讲自己学习经历的时候，这样说：“人要树雄心，立大志。当我上中学的时候，就立志将来上重点高中、重点大学；当我选择了文科后，就立志上北京大学；当我名列前茅时，就立志拿文科状元；当我拿到北大的录取通知书时，就立志继续深造，向更高的学位攀登。”他就是在，这样一种不断确立目标、不断追求、不断实现目标的过程中体会学习的成功与快乐。

正所谓古语有云："凡事预则立，不预则废。"我们都知道，每个人在心里定义的人生成功都是不一样的。但无论这个定义有多广泛，有一点是不会改变的。那就是在相同的条件下，不管选择了怎样的人生道路，事先有没有目标其结果是大不一样。有些人的生活完全没有目标，有些人只计划眼前几天的日子，但现实的生活总会神奇地将它与那些有明确目标并且能持之以恒的人区别开来。所以，一个人在成长的过程中，首先须要立志。

生活中，人们常把"人无志不立""志不立，天下无可成之事"之类的话语当作自己的座右铭，这里所说的"志"其实就是人们心中那个确定目标，以及要为之奋斗的决心与坚持。立志就是让一个人从大地上站立起来；从懵懵懂懂中清醒过来；从浑浑噩噩中悔悟过来；从艰苦之中卓然挺立起来。立志是一种自我警醒，是成就自我最关键也是最基本的一步。或许你目前一无所有，一无所成，这些都无关紧要，最重要的是有志向。

古人云：志不立，则如无舵之舟。同学们，在这个世界上，在成功者的队伍里，很多人并不见得聪明，在失败者的队伍里很多人也并不见得愚笨。其实，有一样东西比聪明的脑袋更重要，那就是人的心灵和意志。

鸟贵有翼，人贵有志。人的一生绝不能随波逐流，这样的生活方式对自身无任何好处，死后也会默默无闻不能为世人留下些什么。正因为如此，就要在年轻之时给自己定下志向，时刻保持激情地去追求那些可望而不可即的东西，努力去做旁人不敢做也无法做到的事情。只有拥有这种可贵的自强自立精神才能报效国家，光耀门楣。

§ 有志向方能成大事

一个人即便是出身贫寒，但只要有远大的志向、崇高的抱负，也能奋然前行，干出一番惊天动地的事业。相反，如果没有远大的志向，就不可能成就大业。一般情况下，对自己的要求高，取得的成就就大；对自己的要求低，取得的成就则小，更有甚者会一事无成。英国杰出的物

理学家法拉第就是一个很好的例子。他确定了电磁感应的基本定律，从而奠定了现代电工学的基础。此外，还有磁致光效应等多项重大发现。然而，这位被大思想家恩格斯称作"到现在为止的最大电学家"，却连小学大门都没有进去过。当同龄的伙伴都坐在教室时，他却一边卖报，一边认字。后来又自学了电学、力学和化学知识。他立志要在科学领域做一番成绩，于是就给赫赫有名的戴维教授写信表示："极愿逃出商界入于科学界，因为据我想象，科学能使人高尚而可亲。"而当时的法拉第仅仅是一个装订图书的学徒工。试想一下，如果他没有远大的志向，成为世界瞩目的科学家岂不是无稽之谈。

当然，在这个世界上，每一个人都是独一无二的。不同的性格、不同的气质、不同的爱好也决定着每一个人不同的志向，即"人各有志"。但不论有多么不同，有一点是相同的，那就是文天祥曾说的"丹崖翠碧千万丈，与公上上上上上"，胸有大志，或者说胸有"鸿鹄之志"才能使个人的天赋得到最大化发展。

有志向虽然是人生成功的关键因素之一，但不要忘记在立志与成功之间，还需要坚持不懈、努力奋斗。如果做语言的巨人，行动的矮子，那么再宏伟的好志向也只能是海市蜃楼。唐代的高僧鉴真东渡日本弘扬佛法，历尽磨难，前五次均告失败，但他并没有放弃，屡败屡起，直到第六次，终于到了日本，把唐朝的文化带到日本，他本人也成了日本佛学中律宗的创始人。所以，在为自己立下志向之后，一定要坚定信念，将理想化为现实。

一个人将来能不能有作为，决定于他青年时期有无志气。志气的来源并不是他少年时是否是有成就大事业的气质，而在于他有没有成就大事业的方向和一颗相信自己、永不退缩的心。所以说，尽早地指定一个属于自己的志向，是获得成功的最有效的方法。所谓：磨刀不误砍柴工，拿时间来仔细地考虑一下这个问题，甚至是和老师家长共同探讨，都将是大有收获的。

如果说人生是一幅画，那青春时光无疑是最绚烂的景象；如果说人生是一首诗，那青春时光无疑是最豪壮的篇章。青少年应该是允满激情的，富有朝气的，敢于想象的。正是因为这样，青少年要比任何人都够明白人无志而不能立的道理。人生应从立志开始，它不仅把自己与过去区别开来，也把自己与他人区别开来，具体来说，是把自己与平庸区别开来。所以，从这一刻起你就要立志成才，主宰自己的命运，成为一个有胸怀、有情怀、有品位的人。

4 志不立，无须谈理想

地球上的每个人，都生活在一种背景之下，表面上看人们每天都同处在一个空间下，其实细想则不然，人很多时候的生活是一种虚幻空间与现实空间的结合，一个志向高远的人其生活空间绝不等于心地狭窄人的空间。这种虚幻的生存空间对于一个人的成长是至关重要的。人生最宝贵的是生命，而生命又总是与理想、信念紧密地联系在一起。

列夫·托尔斯泰说过："理想是指路明灯。没有理想，就没有坚定的方向；没有方向就没有生活。"没有理想的人生，如同草木已秋，匆匆枯槁；没有理想的青春，犹如大海迷航的孤舟，随时都有触礁沉没的危险。

§志向远大有理想

相信许多中学生都听过青年楷模张海迪的故事。

张海迪因为疾病，全身三分之二瘫痪，连生活自理都有困难。但她超越、战胜了自己，在为群众治病的同时，还翻译和创作了大量启迪人们的文艺作品，做出了许多正常人都难以完成的贡献。那么，是什么力量在一直支撑着她呢？是理想。她说："我不能碌碌无为地活着，活着就要学习，就要为群众做些事。"理想为她的生存提供了动力，理想为她的成功扬起了风帆。

对于青少年来说，理想是非常重要的。试想一下，当你步人人生

末年，打开你的回忆录，如果你发现自己走过来的路是多么曲折而生动，那么你肯定会为之一惊的。你也许会对自己年轻时的勇敢与智慧感到自豪，也可能对自己的愚昧和无知而感到可笑，不管怎样，你都会感到快乐和幸福。但是，到晚年时，才为自己的碌碌无为而悔恨，那将是人世间最悲哀的事情了。中学生们常说："人生短暂，我们要过一个充实而有意义的人生。"有意义的人生也就是用自己毕生的心血去实现那心中最美好、最远大的梦——理想。

在生活中，我们经常可以看到这样的现象：有的人斗志旺盛，意志坚强，愈挫愈勇；有的人却意志薄弱，遇挫折便灰心丧气，甚至沉沦堕落。这种差别就在于有没有崇高的理想。困难、挫折总是像影子一样跟随着我们每一个人，只有迎着光明，才能将其抛之身后。古往今来，理想之花催发了多少有志之士的奋发之帆，崇高的理想激励了一代又一代的热血青年奋发向上。中学生们正处于人生的关键转折时期，能否树立远大的理想，将会对他们的人生发展产生重大的影响。

如果我们把人生比作一次伟大的航行，那么理想便是指引我们到达成功彼岸的灯塔。赫伯特曾经说道："对于盲目的船来说，所有风向都是逆风。"可对许多人来说，比起选择随波逐流的浪荡生活，设定一个目标是一件痛苦的事，所以他们一直迷茫地走在没有目的地的道路上。因为迷茫，他们感到了空虚，于是他们利用所有的时间来追求享乐，参加对己对人都无益的活动。他们就像一群毛毛虫，不停地绕着同一个圈子，他们的结局并不比初时好。没有理想的磨砺与指引，就永远不可能成为破茧而出的蝶。可见，理想可以指引前进的方向，找到到达成功的正确路径。

理想还可以为中学生的成长提供源源不断的动力。理想作为我们人生追求的目标，人们为了达到这个目标就要以坚强的毅力，顽强的斗志，勇于拼搏的精神去奋斗。因此，理想便成了我们前进的动力，促使我们创造出不平凡的成绩。正如高尔基所说：一个人追求的目标越高，他的才能在发挥过程中对社会就越有益。作为新时代的主力军，青少年们必须树立起远大的理想，只有这样才能提高自己人生的起点，并为自己的发展寻求到无限的动力，那么我们的社会才能发展得更快、更好。

理想，是力量的源泉；理想，是心中的绿洲；理想，是指路的明灯，引领人们走向成功。只有树立了理想，才有了前进的目标与动力，才有可能达到成功。

§ 立志，即扬起理想的风帆

在我们每个人心中都有属于自己的理想，都为自己的未来绘制出一张张美丽的蓝图，因此，理想并不专属于青年人，对青年人来说，却尤为重要。因为青年人对追求真理、探索人生，有着强烈的需求和愿望；只有在青年时代就树立了崇高的理想，才能使自己的价值得到尽早地发挥。

所以，革命前辈李大钊同志曾这样讲过："青年啊，你们临开始行动之前，应该定方向。譬如航海远行的人，必先定个目的地，中途的指针，总是指着这个方向走，才能有达到目的一天，若是方向不定，随风飘转，恐怕永无达到的日子。"明确地指出了，理想对于中学生的重大意义；

在我国古代，理想被称为"志"。古人很重视理想，即使到了穷困潦倒的地步，也要恪守"人穷志不穷"的信念，坚持他们的理想。理想是人们在实践中形成的具有可能性地对未来的向往和追求，是人们的世界观和政治立场在奋斗目标上的集中体现，是鼓舞人们前进的一种精神动力。没有理想的人生是空虚迷茫的人生，所以，在生活的海洋里，理想如同导航的灯塔，指引着人们朝着奋斗的目标前进。

人生就如同乘着理想之风航行的船，有谁不憧憬收获，又有谁不期盼成功？为了把理想载到目的地，于是，生命之船义无反顾地选择了远航。有句话说得好："人生并非尽是乐事。"当你在追求成功的旅途中，一定会遇到挫折与失败，人生不就是如此吗？但是，只要你勇敢地去面对它，勇敢的征服它，没有什么可以阻挡你。不要因为一时的失败而气馁，也不要为短暂的低潮而叹息！前面还有太阳，光辉的航道正等待着你的勇敢开拓。人生恰似洪水在奔流，不遇到岛屿和暗礁，难以激起美丽的浪花。平静的湖面，练就不出强悍的水手。既然你已起航，就应当接受风浪的挑战；既然你有勇气开始，就应相信自己一定能到达彼岸。

攀登者最终能登上顶峰，因为他自信，他相信自己一定会看到那无限的风景。载着理想，竖起风帆去风浪中拼搏吧！冲过去将是一片艳阳天。没有理想的人生是不完美的！只有克服挫折与失败，才能踏进理想之门……

理想是一个亘古常新的话题，是每一代人、每一个人都应该认真思考的问题。理想属于我们每一个人，但对于青少年尤其重要，在青少年时代树立远大的人生目标和理想，就会使自己的一生过得更加有意义，有价值。青春易老去，追悔谁能及？因此，在我们的人生道路上，一定要拉起理想的风帆，抓住人生最美好的时光，用最美好的心情去成就我们美好人生的壮丽事业吧！

5 志向导航人生

南宋朱熹曾说：命为志存。即生命为志向而存在，也就是说，人不能为了生存本身而活着，生命的存在是有意义的，应该为了追求理想与志向而生存。人活着，就要有自己的志向。一个人的志向有多大，将来的成就就会有多大。

一个志向远大的人，在困难和挫折面前，会激发起潜在的巨大勇气，鼓励自己去克服它们，战胜自我，并最终走向成功。其实，每个人都有潜在的能力，只是很容易被习惯所掩盖，被时间所消磨，只有有了远大志向，才可以不断地来激励自己，让自己飞翔起来。

§ 志向大小决定人生的高度

战国末期，秦国政治家李斯，从一介布衣到成为秦国决定性人物，助秦王间六国、削重臣、夺军权、震宗室，．何其辉煌。是什么改变了他的一生？一个不甘平庸的志向。

年轻时的李斯为郡中小吏，主管乡文书事宜。在这做官期间，他感慨极多。有一次，当他看到厕所中的老鼠辛辛苦苦地觅食时，便也想到了粮仓中的老鼠。一个得到的是污秽不堪的可怜的一点点食物，饥寒交迫，且又常受人和狗的惊扰，惶惶不可终日；一个是吃的是人囤积的好粮谷，住的是“高屋大厦”，而且没有人和狗的干扰，饱食终日，无忧无虑。同样都是老鼠，却过着，两种不一样的生活。于是李斯感叹说：“一个人有无出息就像这老鼠，在于能不能给自己找到一个优越的环境。”李斯由此觉悟，一个人的志向决定了他的人生。

后来，李斯开始为自己的人生制定志向。先投奔到当时大儒家荀卿名下，学习帝王之术，后得到秦王的重用，辅佐秦王统一六国。

李斯由一个小小的郡中小吏到一个秦国的“客卿”，人生发生了大的改变。可见，志向的大小决定了人生的高度。孙中山先生说过：“志所向，一往无前，愈挫愈奋，再接再厉。”志向，是一艘航船的明灯，是一道漆黑长夜的星光，是一支完美人生的画笔，总能给人向前走的勇气与信念。人生中，只要有了志向的导引，其人生的航程就不会迷失方向。有了明确的方向，人生的旅途就会硕果累累。

正所谓志向的大小决定了人生的高度。我们敬爱的周恩来总理，小时候，当老师问他读书是为了什么时，他的回答是“为中华崛起而读书”。这反映了他一生的志向，就是为中国的强大、为中华民族的幸福而读书。青少年朋友们，大家都应该像周总理学习，从小就树立伟大的抱负，为自己的人生定下方向。

一个人志向的大小决定了其目标的大小，而目标的大小又决定了其作为的大小。“会当凌绝顶，一览众山小。”一个胸怀世界的人，会把地球当作一个村；一个胸怀狭窄的人，会把一口井当作整个天，立大志才能干大事，志气决定了一生的作为，决定了人生的高度。

§ 志向——人生的导航

英国著名化学家维克多·格林尼亚在受到他人的侮辱后，立志干出一番成就来，为自己的人生找到了航标。

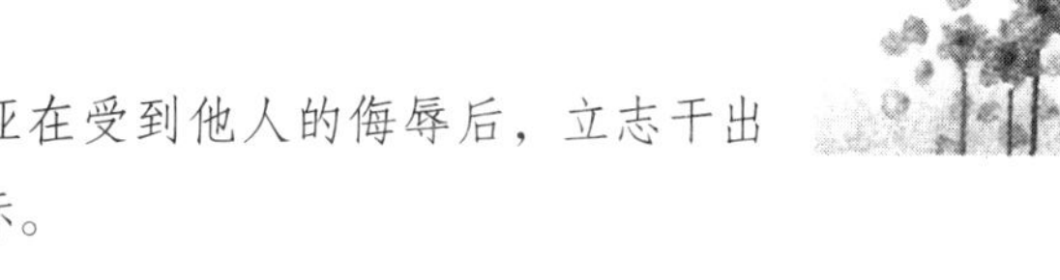

那是他年轻的时候，还是一个浪荡公子。在一次盛大的宴会上，他邀请一位漂亮的姑娘跳舞的时候，不仅被遭到拒绝，还蒙受了莫大的侮辱。这位姑娘怒不可遏地说：“请你站远一点，我最讨厌你这样的花花公子挡住我的视线。”这句话深深地刺痛了格林尼亚的心。在震惊、痛苦之后，他幡然醒悟，决定改变人生。

在为自己的人生树立志向后，他给家人留下了一个纸条：“请不要探问我的下落，容我刻苦努力学习，我相信自己将来会创造出一番成就来的！”8年后，他发明了以他的名字命名的“格式试剂”，荣获了诺贝尔奖。格林尼亚的经历再一次说明，一个人什么时候有了志气、积极的心态，就在什么时候踏出成功的第一步。

可见，志向的重要性是不言而喻的。蜘蛛结网捕虫的现象在我们的生活中屡见不鲜，但从中却闪现出志向的重要。人们只要在心中燃起一个梦想、扬起一张风帆，摆正自己的航向，向着美好的未来前进，一定能驾驭着智慧的帆船，驶向胜利的彼岸。

在人生的海洋中，只有在人生的航标灯——志向的指导下，才能沿着正确的航向前进，才能胜利地到达理想的彼岸，而不是随波逐流，不是动力不足，中途抛锚。可见，志向是人一生中最要紧的事情。但是，志向的实现并非唾手可得，而是需要孜孜以求数年、数十年，甚至一辈子去追求。

唐宋八大家之一王勃在作《滕王阁序》中说：“穷且益坚不坠青云之志”。意在告诉人们不要为一时的不得志而丧失积极进取的志气，青少年正处在长知识、形成世界观的时期，往往是抱负宏伟，志向远大，但也容易遇到一些小挫折和困难，这时候要激流勇进，畏缩不前，保持作战的勇气甚至是志向。

明代哲学家王守仁指出：“志不立，天下无可成之事”。志不立，如无舵之舟，无衔之马，漂荡奔逸，终亦何所底乎？事实也正是如此，古今中外，大凡有成就者，皆为有识之士。志，往往是指一个人的志气和愿望。志向，是一个人的志愿和向往。立志，既是事业的大门，又是成功的先决条件。

在生活中，如果一个人失去了对生活的希望，失去了远大的志向，

那么一切对他来说都将如同逆水行舟，一叶孤舟航行于海上。若没有指南针的指引，那么它将永远沉浮于浪尖，直至毁灭。

6 伟大志向离不开极强目标感

人若有伟大的志向，首先头脑里就要有一个极强的目标感，这样离自己的志向才会越来越近。人的大脑发育水平，对每一个人来说，基本是平等的，除去那些天生的神童和天才以外，这个世界上没有谁比谁要聪明的多。在现实生活中，却有很多看起来很聪明，但就是学习老赶不上去的学生，其主要的原因就是：目标感不强。

目标感不强的同学，做事虎头蛇尾，不能坚持，最终一事无成，就像脚踩着西瓜皮，滑到哪儿算哪儿。而目标感恰恰是情商中最核心的因素，有了目标的人，不管前面的路有多崎岖，多曲折，他都会一往无前。有很多没有目标感或是目标感不强的学生，往往没有那些目标感强的学生进步的快。

§ 目标感不强最容易失败

20 世纪 40 年代，有一个年轻人，先后在慕尼黑和巴黎的美术学校学习画画。“二战”结束以后，他就靠卖画来维持生计。

一天，他的一幅未署名的画被一个人误认为是毕加索的画而买走了。经过这件事以后，他想，我何不去模仿毕加索呢。此后，他一模仿就是 20 年。

20 多年以后，他一个人来到西班牙的一个小岛上，他想有一个家，让自己安顿下来。有一天，他再一次地拿起了他的画笔，画了一些风景画和肖像画，并署上自己的姓名出售。但是，他的画过于感伤，主题也不明确，没有得到他人的认可。更不幸的是，当局查出他就是那位躲在

幕后的假画制造者，考虑到他是一个流亡者，所以没有判他永久的驱逐，而给了他两个月的监禁。

这个人就是埃尔米尔·霍里。不可否认的是，埃尔米尔在画画方面有独特的天赋和才华，但是，他由于没有找准自己的方向，没有找到自己的目标，没有强烈的目标感，终于陷进泥沼，不能自拔，并终究难逃败露的结局。最令人可惜的是，他长时间地在模仿别人的画，以致让自己丢了最宝贵的思想，在募集中渐渐迷失了自己，再也画不出属于自己的作品了。

究其落魄的原因，可以说他是目标感不强，错把别人的目标当成了自己的目标，所以，最终他没能逃脱失败的结果。

一个目标感不强的人，定不会走到成功的尽头。有人说：两个以上的目标就等于没有目标。可见，目标是一个专注的东西，目标只能有一个。

§ 朝着一个目标走，你就会成功

在一座山村里，有一匹马和一头驴子，它们是好朋友，马在外面拉东西，驴子在屋里推磨。有一天，马被主人选中要出远门做生意。

转眼间，10年过去了。10年之后，这匹马驮着一车车的物品回到家中，它重到磨坊会见驴子朋友。老马谈起这次旅途的经历：浩瀚无边的沙漠，高入云霄的山岭，凌峰的冰雪，热海的波澜……那些神话般的境界，使驴子听了极为惊异。驴子惊叹道：“你有多么丰富的见闻啊！那么遥远的道路，我连想都不敢想。”老马说：“其实，我们跨过的距离是大体相等的，当我向远方前行的时候，你一步也没停止。不同的是，我和主人有一个目标，这10年来，按照始终如一的方向前进，所以，就打开了一个新的世界。而你，这10年来一直在磨盘旁边打转，因此，就永远也走不出这间屋子。”

生活中的道理也是如此，对于青少年朋友来说，没有极强的目标感，将意味着只能收获年龄的成长，收获不了心智上的成长。如果你想成为一个对社会有用的人，如果你想成为一个自己理想中的人，那么，

你必须要有一个明确的目标，并拥有极强的目标感，以此作为自己、生活中的核心目标，那么，它可以成为你人生中的“北斗星”。

罗曼·罗兰说：“人生最可怕的敌人，就是没有明确的目标。”但是，有了明确的目标之后，还要有极强的目标感，坚持不懈地走下去。目标是一个路牌，在迷路时为你指明方向；目标是一盏明灯，照亮了属于你的生命；目标是一方罗盘，给你导引人生的航向；目标是一支火把，它能燃烧每个人的潜能，牵引着你飞向梦想的天空。的确，目标是你追求的梦想，目标是成功的希望。失去了目标，你便失去了方向，失去了一切。

当你定下一个目标时，接下来就要努力让自己朝着一个目标走，无论发生什么样的困难，都不要放弃。也许在开始的时候，你会感觉到有压力，感觉力不从心，没关系，只要坚持下去，成功就在下一个转角等你。

在日常生活中，这样的同学是否也在你的身边存在呢？在考试之前，有同学就跃跃欲试地说，这次考试我要进步多少多少名；有同学说我要提高多少多少分；有同学说我一定要拿第几名……他们的目标清楚，方向明确，可结果呢，却不一定是人人都可以达到。

这里，主要原因就是：他们没有极强的目标感。一个没有极强目标感的人，就不会有切实的行动，或者是行动不连续，就也就造成了一种现象，最终目标只能成为一种口号，挂在嘴上或者墙上而已。

所以，青少年朋友在学习的过程中，一定切忌浮躁，踏踏实实地、选择自己的目标，让自己成为一个有着极强目标感的人，在实现目标的过程中，把自己打造成一个各方面都很优秀的人，为自己的将来打好最坚实的基础。

总之，成功是每个人的追求和向往，但这需要极强的目标感作为后盾，再加上自己的坚持不懈地为之奋斗，相信人人都可以成功。因此，青少年朋友要拥有一个极强目标感的心态，让自己离成功更近一步。

7 有志向应先有方向

中学生是21世纪的栋梁，是祖国的未来，可作为一名中学生，在自己的人生中，你希望扮演什么样的角色呢？是被动的由他人安排？还是自主的选择自己的人生？知道自己将驶向哪里，生活就是你的天堂，让你从容自信；知道自己驶向何方，生活就是你的快马，让你快意纵横。

明白自己的目的是什么，知道自己驶向哪里，是人生奋斗的前提，方向决定了你的命运，影响着你的前途。

§ 人生最大遗憾是不知道自己驶向哪里

有这样一个寓言故事。说的是在茫茫的渤海中有一条鱼，这条鱼逆流而行，它冲过海滩，划过激流，穿过湖泊中层层渔网，躲过深海中无数水鸟的追逐，拼命地往上游。它不停地游，穿过山间的小溪，挤过浅滩的乱石，避过所有的暗礁，克服了所有看起来不可能克服的困难，在一天的早上，它游到了唐古拉山脉。

然而，还没来得及在这条山脉跳跃一下，还没来得及在这水中畅游一番，还没来得及品尝这清泉的甘甜，还没来得及欢呼一声，瞬间就被结成了冰。

多年以后的某一天，一个登山队发现了这条鱼，它还保持着向上游的姿势。队员们看出它是来自渤海中的一条鱼，都被它的不屈精神所感动，所折服，无一不赞叹它的勇敢与无畏。其中的一位老人却说：它固然勇敢，却只有伟大的精神，没有伟大的方向。

在人生的旅程中，如果不知道自己将要驶向哪个港口，那么，对他来说，也就无所谓顺风或者是逆风了。没有方向、没有计划的生活叫作碌碌无为，停滞的思想只会让你面临着被淘汰，不知道自己驶向何方，

你永远只在原地踏步。

如果一个人不知道自己驶向哪个码头，无论什么风都不会是顺风；如果一个人不知道自己驶向哪个方向，无论到达哪里都不知道为什么来此。

作为一名21世纪的中学生，正是应该确定自己人生航向的时候，在人生的航程中，一定要弄明白自己将要行驶的方向与目的。一个人要知道自己想要什么，要清楚自己的目标是什么，如果想要的东西太多，或者没有清晰的目标，就像走在一个十字路口，左右为难、徘徊不定，于是乎，轻者彷徨、烦恼；重者挣扎、痛苦，备受煎熬。其次，人生虽有顺境、逆境之分，但境遇并非完全由上天决定，自己做出选择的那一刹或许已经决定未来的旅程是一帆风顺还是逆势而行。因此，明白自己驶向何方，是生命征途中很重要的一件事。

人生最大的遗憾就是没有方向，不知道自己将会驶向哪里，这是一件很可悲的事。作为一名有志向的中学生，在人生的十字路口，要懂得去寻找自己的方向，学会自己去选择自己的方向，确定人生航程的方向。这样，在上路的时候，你才不会害怕暴风雨的袭击，因为你知道自己将会驶向哪里，你就会有足够的勇气去面对航程中的一切艰难险阻。

§清楚知道自己的方向

有一则寓言是这样的：在非洲大草原上，夕阳西下，这时，一头狮子在沉思，明天当太阳升起，我要奔跑，以追上跑得最快的羚羊；此时，一只羚羊也在沉思，明天当太阳升起，我要奔跑，以逃脱跑得最快的狮子。那么，无论你是狮子或是羚羊，当太阳升起，你要做的，就是奔跑！

人生就是让自己的目标一个一个变成现实的过程，当一天和尚撞一天钟，得过且过的日子是庸者的生活。人生要有目标，要不断努力，当你找到自己的目标并一直努力地向前跑，相信每个人都可以发光发亮。

人生道路蜿蜒曲折，还有很多的岔道，放眼望去，叉道上似乎有美妙的风景，你或许会踌躇，该走哪条路。要走好人生之路，就要选对路，而很关键的，是要找准方向。

你不见向日葵总是朝着太阳吗？当太阳刚从山头露出笑脸时，伴着清风的吹拂，伴着鸟儿的歌唱，向日葵将头抬起，花盘朝着太阳。当太阳从天空的东边移到西边时，向日葵的花盘也从东边转向西边。在其间，不管是有蚂蚁的拜访，还是有蝴蝶的问候，它都不会因此而停留片刻，它心系的是太阳，因为，太阳是它的方向。

你不见大雁总是朝着南方飞翔吗？当秋日渐来，伴着秋日凉爽的风，伴着枯叶悠悠的落下，大雁起程了，在广袤的蓝天下，它们或许会变换队形，或许会发出在山谷回荡的鸣叫，但是，它们的方向始终是一个，那就是南方，它们永远坚持这个方向。在其间，它们不会因为落叶的飘零或是秋天的凉意而折回，它们不会因为在旅行中遇到危险而停留，它们执着地向着南方飞翔，因为，那里是它们的方向。

向日葵朝着太阳生长，追随太阳的方向，这样才能获得最多的阳光，让自己成长得更加高大；大雁朝着南方飞翔，坚持不懈的飞翔，这要才能帮助它们度过严寒的冬季，让自己得以生生不息的目的。无论是向日葵还是南飞的大雁，它们都选对了自己的方向，知道自己驶向哪里。

人，也要找准自己的方向，若迷失了方向，纵有再多的热情与努力，结果也不是自己想得到的。法国的拿破仑在进行的早期战争中是为了保卫法国，所以，他取得很大成果，推动了法国的历史车轮向前进，因为他找准了方向。后来他的勃勃野心使他变成了一个疯子，肆意侵略，导致了他的失败，因为他迷失了方向。

人生的道路有千条，选择哪一条道路决定着你的人生航向，不管哪一条道路，你都要给自己找一个正确的方向，沿着这个方向努力地走下去。只有知道自己驶向哪里，找到方向，你才有可能找到希望，找到成功。

“你我相逢在黑暗的海上，你有你的方向，我有我的方向。”亲爱的中学生朋友，不管你选择了哪个方向，但希望知道自己将会驶向哪里。

第二章

直面困难与挫折，培养自主能力

青少年在学习和生活中难免会遇到许许多多的困难和挫折，面对这些困难和挫折，有些青少年向父母求助，也有些青少年采取回避的态度。其实，这些都不利于青少年自主能力的培养

人生充满了矛盾和曲折，回避了一个矛盾，不可能回避所有的矛盾：我们暂时求得了父母的帮助，但不可能终生求助父母。面对人生的坎坷曲折，青少年朋友必须勇于接受并自主地去解决，只有这样，才能尽早地培养自己的自立能力，做一名适应生活的强者。也唯有此时，青少年朋友才会真心感觉到：“我长大了。”

1 唤醒潜藏的责任心

花有果的责任，云有雨的责任，太阳有光明的责任……大千世界，万事万物，都有各自的责任。青少年，更应该唤起潜藏的责任心，勇于承担属于自己的责任。

作为青少年，一定要懂得如何唤起自己的责任心。平时可以有意识地做一些力所能及的事情，认真将其做好，经常去体验责任的含义，并承担一定的责任压力。对于自己完成任务质量要经常进行评价，如果没有完成自己所定下的任务，不要为自己找理由，要学会自我反省，看问题到底出在哪里，以便下次不再犯同样的错误。时间长了，便会开始重视自己所做之事，将其看作是一种必须完成的任务，是一种责任，从而认真地去做。

§ 巧妙地唤起自己的责任心

查理在幼小的时候具备很强的责任心，不管他在家里还是在外面，他的父母都会有意识地经常让他充当一些有意义的角色，使他认识到自己对他人是有价值的，这样既能够有效地培养他的责任心，又能较好地培养他的自信心。

查理小的时候特别调皮，常常与邻居家的孩子一起毁坏花圃。为此，他的父母便总是会耐心地和他讲道理，但收效不大，往往是说过之后有所收敛，但几天之后又开始在花园里胡闹。有一天，父亲告诉查理，说自己想要在花园里再种些东西。说者无意听者有心，查理忽然对此特别感兴趣。于是，便将邻家的几个小孩叫到花园里，对他们说："花园里现在还有一些空地，爸爸说要在上面种上一些花草，你们说该种些什么才好呢？"

"玫瑰！玫瑰花特别好闻，而且还很好看。"玛丽首先喊道。

"不，那里边已经有玫瑰了。我认为还是种些草莓，既好看又好吃。"查理发表了自己的不同意见。

"我认为应该种樱桃，樱桃吃起来很美味。"吉姆也迫不及待地说道。

"可是樱桃长得实在是太慢了，我们得等到什么时候才能吃得上啊？"……

孩子们一直在七嘴八舌地讨论着，异常兴奋。后来，查理将伙伴们的想法都告诉了父亲。随后，他和父亲一起用了几天的时间，在空地上种上了草莓、樱桃、郁金香等植物。而且每个孩子都分配上了任务，轮流在花园里松土、浇水和施肥。孩子们的积极性很高，为了争取多一点任务还差点吵了起来。自从掌握了小花园管理权以后，他们再也不践踏花园了，而且还成了花园的维护者。

悟性极高的查理正是用一种巧妙的办法，不仅唤起了自己的责任心，也唤醒了伙伴们的责任心，这就是责任心的魔力，当孩子们感到自己有责任管理花园之后，他们过剩的精力就被引向了正途，而不再是一种令人烦恼的破坏力量。孩子们通过劳动，不仅能够体会到收获的喜悦，而且还会为自己日渐增长的能力而产生一种自豪感。

倘若缺乏一定的责任心，那么，不管我们的能力有多高，也不可能会成为一个身心健康的人。事实上，没有责任心的人也不可能具有很高的能力，因为责任是一种良性的压力，能使自己充分体会到·自身存在的重大价值，同时为加强这种价值而开始更加努力。

对于家庭有强烈责任心的青少年，将来一旦接触到了社会，便会将自己的责任心扩展到整个社会。如果一个青少年没有在家庭中培养出这种责任心，那么，对社会和人类的责任感就会无从谈起。没有了责任心，也就没有能够促使他们进步的良性压力，这样的青少年将来自然不可能会取得什么大的成就。

§ 善于激发责任心

如果能够培养和正确引导自己的责任心，社会就会因此而出现越来越多的优秀人才。为自己创造机会，青少年应学着承受一定的责任，让自己在生活中懂得人与人之间需要互相帮助、互相照顾、互相支持，给自己多一些实践的机会。譬如：为父母做些力所能及的家务活，接待客人，购买小物品，等等。感情需要在实践中培养，责任感需要在行动中慢慢酝酿。青少年若能尽早意识到自己肩负的责任，就会离成功更近一些，越来越成熟。

不善于激发与正确引导自己的责任心，不仅会养成不愿承担责任，不体谅父母的习惯，还会缺乏责任心，如今早已成为不计其数青少年在成长过程中的痼疾，很难设想这样的青少年在长大以后，会给年迈的父母带来多少的快乐，人生会有什么大的起色。

一些成长在艰苦的环境中的青少年，由于他们在小的时候就深知父母为了生存所付出的辛苦努力，往往会积极地参与家庭生活，主动为父母分忧解难。他们看到父母为了一家的生活而辛勤工作，就会感到自己肩上的责任，希望有一天能为父母分担。责任心会使这些青少年从小看到生活的意义和自己的作用，从而产生一种强烈的自豪感，并且会对未来充满美好的愿望和自信心。

从小就要有一定的责任心，从小学会为父母分挑一些担子。每一个家庭都是汪洋大海上的一叶扁舟，如果青少年能够与父母同心同德，那么任凭风吹雨打，其永远都会是一艘不会沉没的舟。

为自己打开一扇通向外界的窗口，遇到烦恼或者无法解决之事，可以向大人们倾诉，懂得父母的不易以及生活的艰辛，努力为父母分担忧愁，试着向他们提供一些有价值的建议。青少年要根据自己的具体情况，结合自己所属类型，从而有效地激发自己的责任心，强烈的责任心会使人体会到一种巨大的成就感。

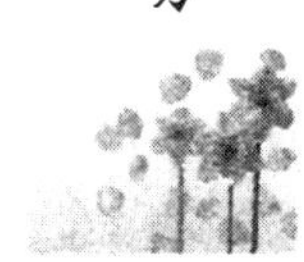

2 树立自信心

洛克菲勒曾经说过："自信能给你勇气，使你敢于向任何困难挑战；自信也能使你急中生智，化险为夷；自信更能使你赢得别人的信任，从而帮助你成功。自信是对自我能力和自我价值的一种肯定。在影响学习与生活的诸多要素中，自信是首要因素。有自信，才会有成功。美国作家爱默生也曾说过："自信是成功的第一秘诀。"

的确如此，成功始于自信，这个道理人人皆知，但并非人人都能做到。试问：当艰巨的任务摆在你面前时，你能够充满信心地勇敢上前吗？当经受了许多次挫折后，你仍然能对自己最终达到目标的信心毫不动摇吗？当周围的人都瞧不起你，认为你是个"废物""无能之辈"时，你仍然能坚信"天生我材必有用"吗……如果你的回答是肯定的，就说明你有很强的自信心。如果你的回答是含糊的，甚至是否定的，那你就需要锤炼自己的自信心。

§ 自信是成功的基石

琼尼的爸爸是一个木匠，妈妈是一个家庭主妇。这对夫妇节衣缩食，准备存钱送儿子上大学。琼尼读高二的时候，校长把他叫到办公室，对他说："琼尼，我仔细看过你的成绩和体格检查……""我一直很用功的。"琼尼插嘴道。"问题就在这里。"校长接着说："你一直很用功，但进步不大，再学下去，恐怕是浪费时间了。"孩子用手捂住了脸，支支吾吾地说："如果那样，我爸妈会难过的，他们希望我能上大学。"校长用手抚摸着他的肩膀，意味深长地说："人的才能多种多样，工程师不识乐谱；画家不背九九表，这都是可能的，但每个人都有特长，你也不例外。总有一天，你会发现自己的特长，那时，你就可以让父母骄傲了。”

琼尼从此再也没去上学了。他替人建园圃，修剪花草，人们也开始注意他的手艺。他又接管了三到四个火车站后面的垃圾场，把它们变成了一个个美丽的公园。在这些事情当中，琼尼树立了自信心，支撑起了他的人生信念，而后来他终于成了著名的风景园艺家。

每个人都有自己擅长的领域，在这些领域中，你会是最迷人的，最出色的，最与众不同的，一个人的成功往往是凭借这些特长而获得的。因此，每一个青少年均应该使自己每天都信心十足，不能让一点点挫折就使自信心受挫，这样会使你走下坡路。自信会给你勇气，让你面对一切的困难，也能使你成功。

生活到处充满着美丽的奇迹，只要我们挺起胸膛就会感到一切如意。人生是一盘棋，局部的失对全局并无决定性的影响，关键在于能否把握大势俯视全局，反败为胜。面对人生，青少年只有心中充满自信，才有勇气寻找到真正属于自己的快乐人生，才有力量走向辉煌灿烂的明天。

当然，每个青少年都难免会产生烦恼、悲哀、内疚、失望等情绪。面临失败，有些青少年会不断地提醒自己是个失败者，从而在战战兢兢中等待下一次失败，而失败也常常如约再次降临到这些青少年身上。因此失败有时也是自找的，因为在真正的失败到来前，他们已经在心中对自己的能力产生了怀疑，放弃了努力，坐等失败的来临。成功人士也有失败的时候，但是面临失败他们也会维持他们的自信。他们会把失败当作特例，他们会对自己说：“这不像是我干的，我会干得更好”；他们会从失败中找到积极的一面，‘如“留得青山在，不怕没柴烧”；他们会通过积极的行动来弥补过失，转移自己的消极情绪。通过这些行动，他们不仅再次具有了较高的自我评价，同时又为现实中的成功做好了准备。对于他们而言，失败才是成功之母。

自信是成就一切的基石，当你自信完成一件事情时，就有一种巨大的力量。对自己有信心的青少年不会怀疑自己的能力，也不会担心自己的未来，他们会用信心给人生支撑出一片灿烂的天空。

不计其数的青少年都听过这样一首歌：“多少次挥汗如雨，伤痛曾

填满记忆，只因为始终相信，去拼搏才能胜利。总是在鼓舞自己，要成功就得努力，热血在赛场沸腾，巨人在东方升起。相信自己，你将赢得胜利……”自信——成功的第一秘诀，没有自信，便不会成功，青少年应少说一些消极的话语，多给自己一点信心，相信自己，相信未来不是梦。只要跨出自信这一步，便能够播种成功的种子。

§为自己播下自信的种子

“想撬动地球”的科学巨匠——阿基米德的父亲是希腊的一个爱国者，他看到灿烂的古希腊文化传到自己这一代已经衰落下去，十分痛心，就盼望有个儿子来振兴希腊文化。于是当儿子降生时就给他取了一个不寻常的名字——阿基米德，希腊语是“杰出的思想家”的意思。孩子自幼受到父亲精心的培育，老阿基米德用理想和生命哺育孩子，可以想象，当孩子刚懂事，开始理解自己名字的含义时， 自信的种子就在心中发芽了。

有一天，父子俩来到海边游玩。

父亲说： “阿基米德，你知道大海的那边是什么地方吗？” “是埃及。”

“对！埃及有个港口叫亚历山大里亚，那里有许多著名的学者，还有藏书丰富的图书馆。你愿意到那里去学习吗？”

“爸爸，我愿意！”小阿基米德兴奋地说。

“要漂洋过海到那遥远的地方去，你不怕航行中怒涛会把你吞没吗？”

“我不怕！”

后来，阿基米德真的被送到了那个当时闻名世界的学术中心深造了。父亲为儿子播种的自信的种子开花结果了，在阿基米德不断地努力过程中，阿基米德终于成了伟大的物理学家。

成功离不开自信，自信是迈向成功的第一步。自信心是青少年心理品质中的重要内容，它在很大程度上影响着其成长和发展。青少年若要培养自信心，为自己编织成功的梦，让自信伴随自己健康成长！就用满

腔的热情，在自己的心田里播下自信的种子，用辛勤的汗水细心地浇灌，让它生根、发芽、开花，结出累累的硕果！

从某种意义上而言，自信心是一个内涵极其广泛的范畴，它的涉及面很广。自信心的培养不是一朝一夕便能完成的，需要坚忍不拔与持之以恒的态度。居里夫人有句名言：我们应该有恒心，尤其要有自信心。我们要为自己播下自信的种子，相信不久的将来，就会成为新一代心理品质良好的挑战者，会在世界竞争中立于不败之地，会更好地开拓进取。

在自己心中播下自信的种子，最大限度地发挥做事的积极性和主动性。一一个人只有拥有自信，才会在任何困难面前，想尽办法，努力去解决，才会真正感觉到其中的快乐。

青少年只有播下自信的种子，让卑微的土壤长出参天的大树，对未来充满希望，满怀信心，才能克服各种困难，一步步地走向成功。

3 善于独立思考

思考好比播种，行动好比果实，播种越勤，收获也越丰。一个善于独立思考的青少年才能品尝到金秋的琼浆玉液，享受到大地赐予的丰收喜悦。正如伟大的物理学家爱因斯坦所说："学会独立思考和独立判断比获得知识更重要。不下决心培养思考习惯的人，便失去了生活的最大乐趣。"青少年应培养自己善于独立思考的习惯，循序渐进地认清世界，体味人生，思考自己的未来。

华罗庚曾说过："科学的灵感，绝不是坐等可以等来的。如果说，科学上的发现有什么偶然的机遇的话，那么这种'偶然的机遇'只能给那些学有素养的人，给那些善于独立思考的人，给那些具有锲而不舍的精神的人，而不会给懒汉。"的确如此，通过思考，人们能够得出与前人有所不同的东西。因此，青少年最重要的就是学习一切有用的知识，在此基础上还需培养自己独立思考的良好习惯。

§独立思考的重要性

伟大的科学家爱因斯坦，在晚年就非常重视培养青少年勤于思考的习惯。他在晚年时候，住在一个小村子里，邻居家有一个漂亮的12岁女孩，她每天放学后都来看望这位白发苍苍的科学家爷爷，爱因斯坦也喜欢经常检查她的功课和作业。

有一次，这个小女孩拉着他的手亲昵地问他："爱因斯坦爷爷，这道题怎么做？"爱因斯坦和蔼地说："孩子，要学会思考，不要一碰到困难就向别人伸手。"有时，爱因斯坦会对小女孩稍加启发地说："我给你指个方向，不过，答案还得用你的头脑去找！"

原来，在爱因斯坦小时候，他就是个爱思考问题的孩子。还记得那个坐在鸡蛋上孵小鸡的他吗？他在14岁时，能够自学几何和微积分，在自学中一旦遇到困难，他总是细心琢磨反复思考，直到实在算不出来时才向别人请教："给我指个方向吧！"可是，还没等人家开口，他就提出了自己的要求说："不要把答案全部告诉我，留着让我思考！"

直到后来，他用自己思考的力量成了一位杰出的科学家。当人们赞誉他对人类做出的巨大贡献时，他笑着说："学习知识要善于思考，思考，再思考。我就是用这个方法成为科学家的。"

对于正在求学的青少年而言，培养自己独立思考的能力，规范独立思考的良好习惯是十分重要的。青少年最主要任务就是学习，只有学习一切科学文化的知识，将来才能为报效祖国打下坚实的基础。但是，有些青少年只是机械地死记一些书本上的知识，使自己的大脑成为知识的仓库，自己从来都没有经过思考，这样的做法在学习中是不可取的。在不断学习的过程中，虽然对知识的记忆很重要，但独立思考才是更重要的。我国古代伟大的教育家孔子曾说："学而不思则罔，思而不学则殆。"这是对学和思的关系所做的最为精辟的论述。学习和思考两者不可偏废，特别是在21世纪知识大爆炸的背景下，青少年具备独立思考的良好习惯尤为重要。

如果青少年遇事缺乏思考，智者就会变愚。青少年培养自己独立思

考的意识，是使愚者成为智者的一把金钥匙；规范自己独立思考的良好习惯，是使自己发现新的知识，通向成功之路必备的桥梁。独立思考的青少年，是一个非常自信的青少年。一个在学习中经常怀疑自己的青少年是不敢怀疑书本的，若青少年不能敢于质疑，其在以后的人生路上，是不可能做出惊天动地的事业来的。

古希腊著名的哲学家赫拉克利特曾说过："博学并不能使人智慧。"只有在学习和生活中善于独立思考的青少年，才能开出智慧的花朵。培养自己在学习上独立思考的意识，其实质就是在学习知识的过程中一切知识都要经过自己头脑的消化。当然，在学习的过程中，有些机械的记忆和模仿是必要的，但最终都要把它变成自己的东西，融入自己的思想中去。在学习中如果不能独立思考，在学海中随波荡舟，人云亦云，那样就会没有目标，不知飘向何方。

但是，对青少年而言，独立思考并不是使其胡思乱想，它需要一定的理论知识为基础。假如一些青少年的脑袋里空空如也，一无所有，那么任凭其如何独立思考，也是不会思考出什么"奇特"的东西来的。完全独立的"独立思考"的人们在这个世界是不存在的，人们总是在吸取前人有益遗产的基础上，才能进行独立思考，以得出与前辈们多少有所不同的东西来。因此，对于青少年而言，最重要的是要学习所有对我们有用的知识，从而在此基础上培养自己独立思考的良好习惯。

§如何养成独立思考的良好习惯

有一次，比尔问一个七八岁的女孩："你长大以后想当什么？"女孩很自信地答道："总统。"全场观众哗然。比尔做了一个滑稽的吃惊状，然后问："那你说说看，为什么美国至今没有女总统？"女孩不假思索地回答道："因为男人不投她的票。"全场一片笑声。比尔问道："你肯定是因为男人不投她的票吗？"女孩不屑地回答："当然肯定。"比尔意味深长地笑笑，对全场观众说："请投她票的男人举手。"伴随着笑声，有不少男人举手。比尔得意地说："你看，有不少男人投你的票呀。"女孩不为所动，淡淡地说："还不到三分之一。"比尔做出不相信又不高兴

的样子，对观众说道："请在场的所有男人把手举起来。"言下之意，不举手的就不是男人，哪个男人"敢"不举手。在哄堂大笑中，男人们的手一片林立。比尔故作严肃地说："请投她的票的男人仍然举手，不投的放下手。"

比尔这一招比较厉害，在众目睽睽之下，要大男人们把已经举起的手，再放下来，确实不太容易。这样一来，虽然仍有人放手下来，但"投"她的票的男人多了许多。比尔得意扬扬地说道："怎么样？'总统女士，这回可是有三分之二的男人投你的票啦。"沸腾的场面突然静了下来，人们要看这个女孩还能说什么。女孩露出了一丝与童稚不太相称的轻蔑的笑意："他们不诚实，他们心里并不愿投我的票。"许多人目瞪口呆。然后是一片掌声，一片惊叹……

这就是典型的美式独立思考。没有独立思考的青少年，就没有自立性。那么，青少年应该如何培养自己独立思考的习惯呢？

首先，青少年应明白独立思考的重要性，建立这方面的意识，产生独立思考的热情。由于现行教育制度的缺陷，也许有的科目不需要独立思考，只要死记硬背，也能取得较好的成绩，但无论是哪方面的知识，只有在思考，在理解的基础上才能更好地加以记忆。这样，青少年才能懂得独立思考的意义，主动进行独立思考能力，逐步养成独立思考的良好习惯。

其次，青少年应多参加一些进行独立思考的活动。对于独立自主、独立思考的活动，哪怕是还存在一些缺陷和不足，也要让自己多参加。至于出现的一些问题，可以让老师或同学帮忙解决。不要小看这独立思考的小火星，"星星之火，可以燎原"，"自古成功在尝试"，只要敢于独立思考，就说明其是…个不拘泥于现成东西的好学生，这一点是十分可贵的。

最后，青少年要克服自己高不可攀的心理。有些青少年只要一提起独立思考，便会赢摇头："老师讲什么，我们就学什么；书本上说什么，我们就背什么。独立思考，那是科学家的事。我们哪有这个本事啊！"的确，科学家需要独立思考的能力，但独立思考也并非高不可攀，可望不可即的。其实，对老师讲的有不同意见，经过思考向老师提出来就是一次独立思考的过程。还有，对书上的习题提出与教师不一样的解法，在无形中也是一种独立思考。

因此，青少年应在学习与生活中敢于进行独立思考，善于进行独立思考，从而逐步培养自己独立思考的良好习惯。

4 在风雨中历练自己

歌德曾这样说过："我一生基本上只是辛苦工作，我可以说，我活了七十五岁，没有哪一个月过的是真正舒服的生活，就好像推一块石头上山，石头不停地滚下来又推上去。"

罗曼·罗兰说："天才免不了有障碍，因为障碍会创造天才。"记得巴尔扎克说过："苦难是人生的老师。"这是一个普遍的现象：即便是成功者和大人物，他们在事业的开头也往往是以挫折和失败为开场白的，而且即便日后获得了成功之后，还经常会碰到挫折，这一点与一般人对功成名就的成功者的理解并不相同。

§ 逆境出人才

贝多芬的一生充满了痛苦：父亲的酗酒和母亲的早逝，使他从小失去了童年的幸福。当别人.家的孩子还在无忧无虑地享受欢乐和爱抚的时候，他却必须得像大人一样承担起整个家庭的重任，并且成功地维持了这个差点陷入破灭的家庭。这是命运赐予他的第一个磨难，但这磨难并没有击垮他。

后来，由于家庭的缘故，他青年时期就失意孤独，而当他在步入创造力鼎盛的中年时，他又患耳疾，双耳失聪。对于一个音乐家来说，还有比突然耳聋的打击更沉重的吗？贝多芬一生中几次濒于崩溃的境地，他在三十二岁时就写下了的遗嘱。但后来，在他还是顽强地战胜了命运

的打击。他曾经大声呼喊：“我要扼住命运的咽喉，它决不能把我完全推倒。”即便是在困难重重最痛苦的时候，他还是凭着自己的坚强斗志完成了清明恬静但双激昂奋斗的《第二交响曲》。他一生经历无数次地挫折与磨难，但是，每一次痛苦和哀伤都被他转化为欢乐的音符与壮丽的乐章。他的一生就是一部交响乐。故而，他后来，被人们称为“交响乐之王”。

音乐家贝多芬的事例向我们阐述了一个道理：逆境出人才。大剧作家兼哲学家萧伯纳曾经写道：“成功是经过许多次的大错之后才得到的。”在通常情况中，经历过无数次的痛苦失败才能得到伟大的成功。成功出于从错误中学习，因为只要能从失败中学得经验，便永不会重蹈覆辙。所以，失败就如冒险和胜利一般，它也是生命中必然具备的一部分。

当青少年遇到挫折时，应该记住：每一次失败都是供其再踏上更高一层的阶梯。当然，在这途中，我们难免会感到灰心与疲惫，但我们要知道，就像世界重量级冠军詹姆士·柯比常说的：“你要再战一回合才能得胜”。每一个人的内在都有无限的潜能，但除非你知道它在哪里，并坚持用它，否则毫无价值。所以，在遇到困难时，你要再战一回合。

其实，在生活中，每个人都不可避免地遇到一些挫折与困难，对此，作为青少年，决不能低头，而应以一种积极的心态，理智、客观地分析挫折产生的原因，并采取恰当的方法来克服挫折。应感谢挫折，生活因此而丰富，人生的体验因此而深刻，生命也因此而更趋完美。不经历风雨怎么见彩虹。其实没有人能够随随便便成功，只要我们以积极健康的心态去面对困难和挫折，就可以做到“不在失败中倒下，而在挫折中奋起”。

在诸多时候，挫折也是人生旅途上的一块巨石，青少年只有利用它，才可在砥砺精神刀锋的同时开掘生命的金矿，从自信、乐观、勇敢、诚实、坚韧之中找到人生的方向。

§ 越挫越勇，找到生命支点

之前我们介绍 2 00 5 年度感动中国十大人物之一洪战辉的事例。

艰难的生活让洪战辉学会了自立、自强，以至于在人们向他伸出援助之手时，他选择了拒绝，“不接受捐款，是因为我觉得一个人自立、自强才是最重要的！苦难和痛苦的经历并不是我接受一切捐助的资本。一个人通过自己的奋斗改变自己劣势的现状才是最重要的。”

古人云：天将降大任于斯人也，必先苦其心志。这个世界，确实存在太多问题，也许有太多不如意，但是生活还是要继续。无论面临什么样的挫折，都可以看作上帝给予的恩赐，目的是要锻炼自己。美国伟大的演说家爱默生也曾说过：“每种挫折或不利的突变，是带着同样或较大的有利的种子，”古希腊伟大的哲学家毕达哥拉斯这样说过：“短时期的挫折比短时间的成功好。”而生活中这样的人还有很多：“当代保尔”张海迪已与病魔抗争了四十五个春秋，带给人们宝贵的精神财富和热情洋溢、的笑容。在艰辛和病痛面前，他们选择了自立和坚强，选择了责任和担当。在他们看来，只要脊梁不弯，就没有扛不起的重担；只要精神不垮，就没有解不开的难题。

“自古雄才多磨难”，面对挫折，青少年应当拿出勇气和耐心，并对自己说：“风雨中这点痛算什么，”主动出击，迎接挑战，学会自立，直面挫折，笑对挫折，把挫折当作前进中的踏脚石。然后拥抱胜利。因为挫折是福，注定我们在岁月中搏击风浪、经历考验，从而奠定更加坚固的基础，谱写出美好的人生之歌。

5 对自己的行为负责

对自己的行为负责，是一种成熟的心智。在现实生活中，每一个人因担任的角色不同而担负着不同的责任。负责不仅是一种积极的人生态度，还是一个人道德修养的基本要求。青少年若能够对自己的行为负责，对自己、对他人、对社会均有一定的积极意义。

正是由于对历史负责，司马迁才写出千古流传的《史记》；正是由于对国家负责，陆游才会“位卑未敢忘忧国”。若没有负责的态度，何

来李时珍21年心血而铸成的《本草纲目》？若没有负责的态度，何来神舟七号圆满飞天？

§ 担负行为的责任

一家中小型公司准备从基层员工中选拔一位主管。董事会考核的题目是寻宝：每个员工要穿越各种各样的障碍，到达目的地，把事先埋藏在目的地中的宝物—— 一枚戒指找出来。若能最先找到金戒指，金戒指将会归其所有，与此同时，这个员工还能被升为主管。为此，所有的员工兴奋不已。

他们争先恐后地开始行动，但是事先设置的道路太难走了，满地都是散落的西瓜皮，员工们每走一步仿佛都是甚为艰难，根本不能到达目的地。他们在艰难地行走着……在他们的寻宝队伍中，公司的一位清洁工被甩在了最后面，对于寻宝之事，他仿佛漫不经心，毫不在意，他只是若不经心地把垃圾车拉过来，然后把西瓜皮一锹一锹地装了上去，然后拉到垃圾站去。

几个小时在不经意间过去了，散落在地上的西瓜皮被此清洁工清理得干干净净。大家跳过西瓜皮，兴高采烈地冲向目的地，四处张望寻找，却是一无所获。而那个默默无闻的清洁工在清理瓜皮的时候，意外地发现了压在下面的金戒指。于是活动由此停止，公司召开全体大会，正式提拔这位清洁工。董事长向大家问道："你们知道公司为什么要提拔这位清洁工吗？""因为他找到了金戒指"好几个员工不约而同地答道。

董事长摇摇头说。"我知道了，因为他能立足，自己的本职工作……"一个员工脱口而出。董事长摆了摆手，意味深长地说道："这并不是全部，他最可贵的地方在于能够为自己的工作负责，当你们迫不及待地寻宝时，他却在默默无闻地为你们清理障碍，这是一种多么可贵的团队精神，这正是一个员工、一个公司最珍贵的宝贝……"

一个人对自己的行为负责，对自己的工作负责。保持这样的态度投身工作，怎能不令其取得成绩，令人敬仰、令人钦佩呢？责任具体指的

是什么呢？责任不仅是“衣带渐宽终不悔”的付出，还是“大庇天下寒士俱欢颜”的幸福；不仅是“春蚕到死丝方尽”的奉献，还是“化作春泥更护花”的欣慰！时间在忙碌中拒绝蹉跎，角色在拼搏中获取成功；岁月在繁茂中拒绝荒芜，责任在耕耘中承纳收获！

对于青少年而言，只有扮演好自己在人生大舞台上的角色，才能担负起生命的责任；只有塑造一个真实而又完美的形象，才能拥抱壮丽的未来；只有对自己的行为负责，人格才会熠熠闪光。

§ 为自己的行为负责

格里没有等到放学时间，便哭着回到了家中，送他回来的是一位陌生的叔叔。格里的母亲萨利特斯向这位陌生的叔叔询问究竟是怎么一回事。那位陌生的叔叔说道：“放学前，小朋友在整整齐齐地排队回家，但格里却是窜来窜去，根本不好好站队，不知为什么，便与一个同学产生了冲突。老师稍微批评了格里几句，他就开始哇哇大哭起来，并不服气地对老师嚷道：‘丝毫不是我的错，我根本没有打他’。”

母亲萨利特斯向叔叔道谢后，便拉着格里回屋。望着两眼通红的格里，萨利特斯向他问道：“到底是怎么回事呢？”“反正不是我的错，我不小心与马克撞了一下，他便使劲儿地推我，我踢了他一脚，他就哭了，老师就不分青红皂白地批评我。”格里脸上挂着两行泪珠，接着补充道：“明明是他先推我的嘛！”当听到这里的时候，萨利特斯已基本了解事情的来龙去脉，她心平气和地对格里说道：“难道你一点点责任都没有吗？”“没有，明明是他先推我的，不是我的错……”格里理直气壮地回答道。“好，那我问你，如果你按照老师的要求排队，不乱跑，你会碰到别人吗？倘若你没有撞到马克，马克会先推你吗？”格里刹那间默不作声了。萨利特斯接着说：“现在你再仔细想想，还会理直气壮地说你没有丝毫的责任吗？你是一个男子汉，无论做什么事情都不能把责任推卸到别人身上！你必须学会对自己的行为负责……”格里用力地点了点头。

文学泰斗列夫·托尔斯泰说：“一个人若没有热情，他将一事无成，

而热情的基点就是责任心。”试想一下：一个没有责任心的青少年，不会负责的青少年能够关心自己的生存、学习、人际、创新等各方面的能力吗？社会学家研究证明：当青少年富有责任心时，他的自我意识便开始形成，这个青少年便会从此立志，扩大其影响力，增强其义务感，并能做出应有的贡献。

人的一生均是在问题与困难中度过的，任何人都将面对一定的困难与挫折。青少年应该以一种积极的心态面对它们，毕竟困难与挫折是一把双刃剑，一方面为青少年带来不必要的麻烦、烦恼、悲伤甚至绝望，一方面也是上帝赠予青少年的一种礼物。面对不计其数的困难与挫折，青少年应想方设法克服它们，只有这样，他们才会变得更加坚强、更加智慧。

“天将降大任于斯任也，必先苦其心志，劳其筋骨”，“不经历风雨，哪能见彩虹”，“吃得苦中苦，方为人上人。”古今中外，历经一番苦难与磨砺而获得成功的人士不胜枚举：集聋哑盲于一身的海勒·凯伦最终精通七个国家的语言，肢体残疾的张海迪担任中国新一届残联主席，他们无不向青少年昭示着这样一个道理：世界上没有不能逾越的鸿沟，只要敢作敢当，敢于对自己的行为负责，成功与喜悦必将属于自己。

青少年们只有对自己的行为负责，才能对学习与生活负责，对父母与他人负责；只有对自己的行为负责，才能为其尽职尽责奠定坚实的基础。

6 独立自主方能自力更生

在如今这个时代，绝大部分的青少年都是独生子女，父母、爷爷奶奶、外公、外婆都视之为宝贝，青少年从小就在 6∶1 的重重关怀之下成长，过度的宠爱往往导致青少年在日常生活中严重依赖亲人，依赖朋友，造成其长大以后生活自理能力极差。

曾有这样的报道：一个正在读初一的青少年面对没有剥壳的鸡蛋竟

不知如何下口，因为平时都是父母剥好壳送到嘴边的，这正是青少年由于溺爱导致过度依赖的典型例子。

§有意识地培养自己的独立自主

苏格拉底的一个学生，曾经向他请教如何才能获得真理。苏格拉底在认真思考了一番后，用手指捏着一个苹果，慢慢地从每个同学身边经过，一边走一边对同学们说道："请大家注意集中精力，注意品味空气中的味道。"然后，他回到讲台上，把苹果晃了晃，问道："哪位同学闻到了苹果的味道？""我闻到了，一股浓厚的香味儿！"一个同学随声附和道。

苏格拉底再次走下讲台，举着苹果，从每个同学的座位旁边路过，一边走一边叮嘱道："你们一定要集中精力，再次嗅一下空气中的味道。"

几分钟后，苏格拉底第三次走到同学中间，让每一位同学亲自近距离嗅一下苹果的味道。这一次，除了一个同学之外，其他同学都举起了手。那位没有举手的同学左右望了一下，也慌忙地举起了手。苏格拉底脸上的笑容刹那间荡然无存了，他举起苹果，缓缓地说道："这只是一个假苹果，其实它一点味道也没有……"

当代青少年，是祖国未来的希望，我们不能做那个连鸡蛋都不会剥的孩子，更不能做生活中的"残疾人"，什么都要依靠他人。一个人最终会长大，早晚要独立，这是不争的事实。独立行走，使人脱离了动物界而成为万物之灵。

当青少年跨进青春之门的时候，进入青春期后就开始具备了一定的自立意识，但对别人尤其是父母的依恋常常使其感到困惑。一方面青少年们想要自立，一方面又觉得离开了父母的帮助让自己感到很不舒服，还有一些青少年理解错了自立的意思。家长希望慢慢长大的孩子自己学会自立，但是自立不是让你我行我素地去做事情，自立不是让你什么事情都不要告诉家长。青少年应找好自立与依赖家长之间的平衡点。毕竟绝大多数青少年还是未成年人，有些事情其判断能力还达不到理想中的

高度。自立不是让使其一意孤行，而是在接受家长的意见之后，再自己做最后的决定。

当你跨进青春之门，你开始具备一定独立的自我意识，自我意识就是个人对自己的行为以及自己在社会生活中所处的地位和所起作用的认识。随着青少年的成长，呈现在他们面前的物质世界的形态日益复杂。自然科学知识的灌输，生活经验的积累，既可使原先认为是复杂的事物变得简单，同样，也可使原先以为是简单的事物变得复杂起来。这种主观体验上的演变，增加了青少年的焦虑，在他们心目中，知识的积累反而给思维造成了空前的混乱，原先清晰透明的世界，现在却变得“混沌不堪”了，他们感到了茫然，无所适从。

如果说儿童的自我意识近似于一张白纸，成年人的自我意识是一幅布局有序的彩图，那么，青少年时期的自我意识却像已经涂满了五颜六色的颜料，还是一幅无法辨认的水彩画草图。因此，这个时候青少年应不要害怕长大，不要拒绝改变，只有循序渐进地独立自主，才能在有朝一日的明天自力更生。

7 靠自己的力量改变命运

总能听到一部分青少年这样说道：“我的幸福寄托到你身上了，你要为我负责啊！”然后自己整天做着这样那样的白日梦。一旦有一天，梦醒了，发现还是孤身一个人，什么也没有，其中的滋味也只能一个人品尝。其实这都是对自己的不负责任的表现。

人生在世，不要总是想着把自己的幸福寄托在别人身上，这个世界没有谁欠谁的。要想过得幸福，过得自在随意，无论物质还是精神都是一个富足人的话，那就只有靠自己的双手与智慧踏踏实实，脚踏实地地埋头苦干。唯有这样，才会一分耕耘，一分收获。

§ 求人不如求己

有一种植物，他的身体又软又细，它就沿着别的植物往上爬。后来它的枝叶慢慢茂盛起来，还结出了诱人的果实。路人都夸它不但长得好看，连结的果子都这么好吃。

可是有一天，一个木匠上山砍树。这个木匠看它旁边的那棵大树长得很好，做房梁正合适，就决定要把它所依附的那棵大树给砍掉。

木匠拿出斧头，砍起树来。

这时候它害怕起来，想离开大树。可是它平时缠得太紧了，现在分都分不开了。

最后大树倒下了，它也跟着断了。

如果它能自己生长，就不会落得这般下场了。人生也一样，什么事情都要靠自己去争取，去努力。不要妄想把希望寄托在任何人身上，对于自己而言，自己才是最可靠的。这里就有一个依靠自己自立自强的例子。

有一个叫麦克的孩子加入了学校的垒球队。他每天很努力地练习，可是每到比赛的时候，他总是不能正常发挥，总是球队里最差的一个。

为此，他感到非常的沮丧与苦恼，甚至想要离开球队。他觉得自己留在这里就是在拖后腿，实在是太丢人。

他的教练老师得知了他的心事之后。就把麦克叫来对他说：“麦克啊，你知道吗？其实你很棒，只不过你的手套有些问题。这样吧，我给你换一副手套。这副手套有一个特异功能，凡是带上它的人，都能变得很出色。我保证你能成为队里最优秀的队员。”

麦克听了之后非常高兴，就拿着新手套去继续参加训练了。结果，他每天都有进步，打得越来越好了。于是他就问教练这手套是否真的有魔力。

教练对他说：“其实，这手套跟你以前带过的没有任何不同。只不过是你对自己有信心了。这样在你的刻苦训练下，你的成绩当然就会越来越好啊。你要记住，要想获得成功，就只能依靠你自己！”

由此可见，在困难的面前不要幻想有人来帮你，能够帮你的只有自己。不要把生活幻想的多么美好，也不要幻想在生活四季中享受所有的春天，每个人的一生都注定要跋涉沟沟坎坎，品尝苦涩与无奈，经历挫折与失意。你可能被撞得头破血流，可能伤痕累累而变得身心疲惫。可是无论什么时候，都要相信自己，因为一个人未来的发展，不是依托外部环境来左右的，那种期盼贵人相助或借助外力来改变自己的命运，是不切实际的。人生真正的幸福莫过于用自己的力量取得成功所换来的喜悦。对于青少年而言，自己本身就是自然界最伟大的奇迹。

§命运掌握在自己的手中

成功的道路，并非一条充满鸟语花香的康庄大道，而是充满荆棘与陷阱的坎坷征途。漫漫人生路，有谁能说自己是踏着一路鲜花，一路阳光走过来的？又有谁能够放言自己以后不会再遭到挫折和打击，我们没有看到成功的背后往往布满了荆棘和激流险滩！如果因为一时的失败就轻易地说放弃，到头来后悔的只是自己。如果因为害怕失败而丢掉前行的勇气，就永远看不到理想的影子。

有些青少年相信生死由命，富贵在天。其实，命运天注定之类的话只是那些不想努力奋斗的人自我安慰的一种说法。所谓命运在自己手心里，并不是说手相可以代表的。手心里的那几条纹路只不过是岁月给你留下的印迹，并不能真的说明什么。人的命运其实是可以改变的。

曾经有这样一句话：世上从来就没有什么救世主，也没有神仙皇帝。因此只有挖掘出自身的潜在价值与能力，才能使生命绽放异彩，永葆青春。要创造自己的幸福，改变自己的命运，必须依靠自己的努力与付出。

是丰衣足食，还是穷困潦倒，关键得看你如何选择。假如你努力向上，自立自强，不抛弃希望，不放弃理想，生活也会回赠给你一个微笑；反之如果你无所事事，不思进取，生活也将给你应有的惩罚。生命的好处，正是在你努力时才像春天吐芽一般，一点一点地显露出来。人生的魅力，在于时时可以从痛苦的阴冷角落里启程，走向光明的远途，走向没有遗憾的未来。即使千帆过尽，还有满载希冀的第 1001 艘船。只要心中有梦想，不自暴自弃，生活就不会抛弃你。

与其抱怨命运的不公，倒不如振作精神奋起直追。滴水足以穿石。您每一天的努力，即使只是一个小动作，持之以恒，都将成为明日成功的积淀。所有一点一滴的耕耘，在时光的沙漏里滴逝后，萃取而出的成果都将成为让众人羡慕的“成功之果”。

人生是一条看不到尽头的路。对于青少年而言，应把命运掌握在自己手中，只有这样，在艰难前行的道路上才会充满希望与成功！

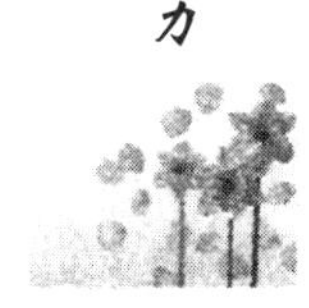

第三章

走向社会与人群，锻炼适应能力

如今，很多的青少年均是独生子女，从小生活在没有兄弟姐妹的环境中。由于现代家庭往往是独门独户，由于家长担心孩子在外面受到“伤害”，所以，目前青少年失去了很多与同龄人接触的机会，一部分青少年得不到锻炼而变得胆小，以自我为中心，不懂得友爱，不善于合作，缺乏必要的责任感与公德意识。所以，青少年要敢于走向社会，走向人群，锻炼自立的能力。

1 积极投身实践

有句古话说得好：实践才能出真知。因此来说，唯有实践才是检验真理的标准。一千多年前意大利物理学家、数学家和天文学家伽利略发现了摆动定时性定律，提出了自由落体定律，发明了比重秤、空气温度计。众所周知，正是由于伽利略懂得了实践的重要性，他才在自己的实践中推翻了亚里士多德的论点：物体从高处落下时，速度是由重量决定的。物体越重，下落速度也越快。这条定理的否定，无疑就是伽利略通过实践才得出的正确答案。

对于青少年来说，一个花一样的年龄，更是一个长身体，长知识的黄金时期。面对日益激烈的社会竞争，只有社会实践才能真正地让青少年掌握丰富的知识以及具备各种各样的能力，日后也才能在社会上闯出一片属于自己的天空。

§学习，永无止境

有一个徒弟认为自己学的已经很好了，就跑去对师傅说："师傅，我已经学足了，可以出师了吧！"师傅并没有回答，而是先让他去装一大盆子的石子，直到自己认为装满为止，这个徒弟就去做了，一会儿工夫他觉得自己已经装得满满的，然后他就去见了师傅。

师傅也没有说什么，就问徒弟："装满了吗？""满了！"徒弟自信地答道。师傅也并没有回答，而是抓来一把沙，掺入那个大盆子里，没有溢出。师傅又问："满了吗？""满了！"徒弟这次极为肯定地回答。师傅又抓来一把石灰，掺进那个盆子里，还是没有溢。"满了吗？"师傅再问。"满了！"徒弟显得很不耐烦地说道，接着，师傅又到了一盅水下去，仍然没有溢出来。"满了吗？"徒弟这次无言以对。

其实无论什么人，什么时候，都离不开学习。更不能停止去学习，“人活着就要永远学习。”不知道是谁说过这样的一句话，但是对于学习来说，应该是没有尽头的，也只有那些不断学习的人，才会有可能成为成功之人。

学习是一个不断积累的过程，而在这个过程中，青少年才会得到不断的提高，正所谓活到老，学到老。纵观古今，那些真正的学问家，因为懂得学无止境，所以总能看到自己无知的一面。孔子曾说：“盖有不知而作之者，我无是也。多闻，择其善者而从之，多见而识之，知之次也。”

对于青少年来说，学习的一个重要目标就是要学会学习，而且更重要的是还要能够在这学习中学会实践，这才是现代社会发展的要求，21世纪的文盲将是那些不会学习而且不懂得学习实践的人。而对于学习本身，其实也是一门学问。一个学习优秀的学生，一定有科学的方法，有需要遵循的规律。因为只有按照正确的方法学习，学习效率才会高，学的也才会轻松，思维也变得灵活流畅，能够很好地驾驭知识，真正成为知识的主人。

从学习中懂得人生，从学习中懂得实践。然后养成一边学习，一边实践的好习惯，青少年的人生才能在不断的学习和不断的实践的过程中变得更加精彩。所以，青少年在学习中应追求更高的学习境界，然后使学习成为一件愉快的事。

对于青少年来说，学好科学知识是第一要务。只有学好了科学知识，才谈得上今后建设祖国或者是从事科研工作。而不能好高骛远，基础都没有打扎实就想展翅高飞。古人说：“少壮不努力，老大徒伤悲”。青少年风华正茂，正处在学习的大好时光，一定要锲而不舍地学习，要从书本上学习，也要从实践中学习，掌握各种知识和本领。而青少年是祖国的未来和民族的希望，一定要更加的努力。

青少年一定要知道，学无止境！知识永无穷尽之日。身为八九点钟的“太阳”，青少年理所当然地要以谦虚求实之心，勇于攀登科学文化的高峰。只有这样，民族的振兴、祖国的腾飞，才指日可待！

§ 实践出真知

有这么一则寓言，说是有一个哲学家要过河，所以他就去河边叫一个船夫。在过河期间，他想向船夫炫耀一下自己的博学多才，就问船夫："你懂数学吗？""不懂。"船夫说。"你的生命的价值失去了三分之一"，哲学家说。"你懂哲学吗？""更不懂。"哲学家感慨："那你的生命价值就失去了一半！"

过了一会儿，过来一个巨浪，一下子就把船打翻，哲学家掉在河里。船夫就问："你会游泳吗？""不会，不会！"船夫说："那你的生命价值就失去了全部！"

"书山有路勤为径，学海无涯苦作舟。"这句古诗千百年来被传诵。其内在的意义每一个都知道，而现如今，21世纪是一个知识突飞猛进的世纪，也是一个催人奋进的世纪。青少年将成为21世纪进步的主力军。更应该抓住这个学习的好时光，好好学习，做一个对社会有用的人，而在学习过程中，最重要的是要懂得实践。

世界上有些事情只有当自己亲自去实践过才会发现其中的奥妙。了解自己不了解的不知道的事情，未尝不是一件好事，所以伸出你的双手走出去，到实践中去找寻你的答案。对于青少年则更是如此。唯有实践才能出真知。

马克思主义认为，人们对客观世界的认识和改造，人生价值和理想的实现，都离不开社会实践。而故事中的哲学家虽然自己满腹才学，但是却连最根本的自救都不会，最后也就丧失了宝贵的生命。连一点儿社会实践都没有，还去高谈阔论自己的才学。其实，不懂得实践的人，就算你有再大的能力，在实践面前，将永远是一个零。

毛泽东也这样说过："你要有知识，你就参加变革现实的实践。你要知道梨子的滋味，你就得变革梨子，亲口吃一吃。"青少年只要懂得实践出真知的道理，就会在实践中不断地提高自己，因为纸上的知识得来的终会觉得浅，要想知道究竟是怎么回事，还是得躬行。其实不听不如听之，听之不如亲眼所见，眼见不如认识懂得，认识不如亲手变革的

行动，学习达到了会干、会做的程度，就到头了，会做、会干就意味着认识了、懂得了。这段话隐喻了知与行的关系。应该知道所有真正的道理都是在实践中得来的。

青少年是祖国的花朵，祖国的未来，唯有永远地学习，才能够让自己立于不败之地。更重要的是要让学习和实践相结合，才是学习的最高境界。用知识创造生活，你的人生就会树立起永不沉沦的风帆。

2 主动与他人合作

合作，就是人和人之间相互配合。一个人能否成功，很大程度上取决于他的合作能力。“我能行”的含义，并不是“只有自己行，别人都不行”，恰恰相反，是“取人之长，补己之短，取长补短走天下”。懂得与人合作，以达双赢，做大人生局面。

在我们的生活中，很多时候一个人的力量总是很有限的，就像孤掌难鸣一样。所以，要想办事成功，就要主动与人合作。不管是帮助自己还是帮助别人，那样效率才会高一些。如何使效果达到最大化，还得自己斟酌。别闷在一大堆事情中间，探出头来，你会找到更好更有效率的解决方式，只有这样才会取得最大的效率。

§ 合作的功效

从前，有两个非常饥饿的人得到了一位长者的恩赐：一根鱼竿和一篓子鲜活硕大的鱼。其中，一个人要了一篓子活鱼，而另一个人则要了一根鱼竿，于是他们分道扬镳了。得到鱼的人原地就用干柴搭起篝火烤起了那些鲜活的鱼。把鱼烤好以后，他狼吞虎咽，还没有品出鲜鱼的肉香，转瞬间就连鱼带汤吃了个精光，可是鱼毕竟是有限的，还没过几天，他就把鱼全部吃光了。不久，便饿死在了空空的鱼篓旁了。

而另一个得到鱼竿的人，提着他的鱼竿朝海边走去，他忍饥挨饿走了几天，当他终于能看到远方蔚蓝的大海时，他用尽了浑身最后一点力气，再也走不动了。最后他也只能倒在了他的鱼竿旁，带着无尽的遗憾离开了人间。

同样，又有两个饥饿的人，他们同样得到长者的恩赐：一根鱼竿和一篓鱼。但他们没像前两个人那样各奔东西，而是商定共同去寻找大海。他们两个带着鱼和鱼竿踏上旅程。在路上，他们每次只煮一条鱼，经过艰难的跋涉，他们终于来到大海边。从此，两人开始了捕鱼为生的日子，几年后，他们盖起了自己的房子，有了各自的家庭和子女，有了自己建造的渔船，过上了安定幸福的生活。

我们可以从故事中发现，同样是面对着鱼竿和满篓的鱼，四个人却有不同的表现：前两个人只顾眼前利益，得到的只是暂时的满足和长久的悔恨；后两个人却很有心机，懂得人生的智慧在于目标存高远但立足于现实，于是两个人合作，发挥了鱼竿和一篓子鱼的双重功效，最后过上了自己所希望的幸福生活。

生活中，一个人的力量是非常有限的，只有与人合作你才能取得更大的收获，否则这样下去，你终有一天会因“体力不支”而倒下去。与人合作，合力双赢不是更好吗？既可以发展自己，也可以让自己得到最大的好处。

“三个臭皮匠，顶个诸葛亮”主动与人合作会产生意想不到的效果。

一个哲人曾说过这么一段话，大体上的意思是这样的：你手上有一个苹果，我手上也有一个苹果，两个苹果交换后每人还是一个苹果。如果你有一种能力，我也有一种能力，两种能力交换后就不再是一种能力了。所以说，只有合作才能产生奇效，才能达到最好的效果。

中国有句古话：“三个臭皮匠，顶个诸葛亮”说的就是合作的积极意义，青少年要学会主动与别人合作，才能在生活和学习中游刃有余。

§ 合作是成功的基石

有人和上帝讨论天堂和地狱的问题。上帝对他说：“来吧！我让你

看看什么是地狱。”他们走进一个房间。一群人围着一大锅肉汤，但每个人看上去一脸饿相，瘦骨伶仃。他们每个人都有一只可以够到锅里的汤勺，但汤勺的柄比他们的手臂还长，自己没法把汤送进嘴里。有肉汤喝不到肚子里。只能望“汤”兴叹，无可奈何。

“来吧！我再让你看看天堂。”上帝把这个人领到另一个房间。这里的一切和刚才那个房间没什么不同，一锅汤、一群人、一样的长柄汤勺，但大家都身宽体胖，正在快乐地歌唱着幸福。

“为什么？”这个人不解地问，“为什么地狱的人喝不到肉汤，而天堂的人却能喝到？”

上帝微笑着说：“很简单，在这儿，他们都会喂别人。”

合作与不合作，带来的结果截然相反。一个人的力量毕竟是有限的，当危机来临时，合则共存，分则俱损。

四肢看到胃成天不干活，心里很不平衡，它们决定像胃那样，过一种不劳而获的绅士日子。

“没有我们四肢，”四肢说，“胃只能靠西北风活着。我们流汗流血，我们受苦，我们做牛做马地干活，都是为了谁？还不是为了胃！我们什么好处也没有得到，我们全在忙碌，为它操心一日三餐。我们现在马上停工不干了，只有这样，才会让它明白，一直是我们在养着它。”

四肢这样说了，果真也这么做了。于是，双手停止了拿东西，手臂不再活动，而腿也歇下了，它们都对胃说已经伺候够了它，让胃自己劳动，自己去找吃的。

没过多久，饥饿的人就直挺挺地躺倒了。因为心脏再也供不上新鲜的血液，四肢也就因此遭了殃，没有了力气，软绵绵地耷拉在身上。

这下，不想干活的四肢才发现，在全身的共同利益上，被它们认为是懒惰和不劳而获的胃，要比它们四肢的作用大得多。

人与人之间也是这样，既是一个独立的个体，又是一个密不可分的群体。一个人如果完全脱离社会，那他根本就不可能生存下去。懂得他人的重要性，危机来临时，更要善于与他人合作，才能更快地摆脱危机。

俗话讲：“孤掌难鸣”，一个人纵然能力再大也总是有限的，再大的本领也需要别人的合作和支持。常言道：“生意好做，伙计难处”，合作的前提基础，就是彼此之间互相信任、互相支持、互相理解、互相帮助、互相服务。

“一个篱笆三个桩，一一个好汉三个帮”。哲学家威廉·詹姆士曾经说过，“如果你能够使别人乐意和你合作，不论做任何事情，你都可以无往不胜。”合作是一种能力，更是一种艺术。学会合作才能获得更大的力量，争取更大的成功。

随着社会的发展，人与人之间交往日益频繁，既存在着激烈的竞争，又有着广泛的联系与合作。一个缺乏合作精神的人，不仅事业上难有建树，很难适应时代发展的需要，也难在激烈的竞争中立于不败之地。越是现代社会，孤家寡人、单枪匹马越难取得成功，越需要团结协作，形成合力。从某种意义上讲，帮别人就是帮自己，合则共存，分则俱损。

3 从小事做起

生活就是由无数个小事组成的，做好了小事，也就做好了工作，把握好了生活，经营好了人生。不要认为小事无关紧要，不要眼高手低一心只想成就大业，一屋不扫，何以扫天下，一件小事都做不好，何以做成大事。小事忽视不得。与人交往，小事往往更能反映一个人的品德、智慧和气度，更能反映一个人内心深处最本质的一面。“小事决定成败”“勿以恶小而为之，勿以善小而不为”，只有从小事做起，大事才能够做好。如果你拒绝做小事，就会得不到周围人的认同，同样你就会失去做大事的机会。

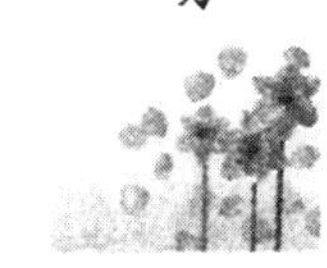

§小事促成成功

一个大学生毕业后到深圳求职，在奔波了一个星期后，毫无收获，

而且糟糕的是在乘公交车时，他的钱包被偷，钱和身份证都没有了。在受冻挨饿了两天后，他决定开始拾垃圾——虽然受白眼，但至少能够解决吃饭问题。一天，他正低头拾垃圾时，忽然觉得背后有人注视自己。回头一看，发现有个中年人站在他背后。中年人拿出一张名片：“这家公司正在招聘，你可以去试试。”

那是一个很热闹的场面，当他一递上名片，小姐就伸出手来：“恭喜你，你已经被录取了。这是我们总经理的名片，他曾吩咐，有个青年会拿着名片来应聘，只要他来了，就成为我们公司的一员！”就这样，没有经过任何面试，他进入了这家公司。后来，由于个人努力，他还成了副总经理。“你为什么会选择我？”闲聊时他都会问总经理这个问题。每次，总经理都神秘兮兮地一笑。

又过了两三年，公司业务越做越大，总经理要去新城市进行新投资。临走时，将这个城市的所有业务都委托给了他。送行那天，他和总经理在候机贵宾室里面对面坐着。“你肯定一直都很想知道，我为什么会选择你。那次我偶然看见你在拾垃圾，就观察了你很久，你每次都把有用的东西拣出来，将剩下的垃圾归类好再放回垃圾箱。当时我想，如果一个人在这样不利的环境下还能够注意到这种小事，那么无论他是什么学历、什么背景，我都应该给他一个机会。而且，连这种小事都可以做到一丝不苟的人，不可能不成功。”

正是小事成就了他现在的成功。

“天下大事必做于细”。在实际的工作和学习生活中，如果忽视对小事的处理与认真，那么当大问题出现时往往悔之晚矣。我们要摆正心态，切勿一心想成就大事而忽视一些小事，应该把小事做好、做细，才能够使自己通向成功。

忽视小事，做事浮躁的人，大多数情况是因为想做大事，而不愿意或者不屑于做小事，抠小事。可是现实生活中，正如这句话所说：“芸芸众生能做大事的实在太少，多数人的多数情况总还只能做一些具体的事、琐碎的事、单调的事，也许过于平淡，也许鸡毛蒜皮，但这就是工作，是生活，是成就大事的不可缺少的基础。”

从细微之处见功夫，是与人交往时所不容忽视的。决定成败的往往是小事。想当年，荣华鸡叫板肯德基，红高粱挑战麦当劳，但最终还没迫近太阳，自己就像夸父一样累死在半路了，何哉？就在于小事。荣华鸡的老总曾揣着跑表去掐算肯德基的炸鸡时间，可他却忽略了对方严格的管理小事，以致酿成日后众多消费者宁愿端托盘在肯德基过道里等座位，也不愿到不远处的荣华鸡去。

成功藏于小事之中，而小事又组成人生。不管是史家还是睿智的现代人，往往能透过小事看到人的品质、性格，人为处世和人生态度。评价一个人是怎样的，可以通过小事这种切实有效的方法来实现。小事往往容易被人忽略，但一个不经意的小事，恰恰能反映出一个人深层次的修养，它能弥补缺陷，代替财富，可以提升你的竞争力。从这个意义上说，小事，成就美丽人生。

小事的影响是巨大的，是不容忽视的，但唯有将其放入全局中处理，小事的真正效果才能凸现，成功才能不期而至，这就是小事的魅力所在。

§万事从小事做起

在多年以前，美国的约翰逊办的还是一家很小的作坊，他想与一家大贸易公司合作，三番五次上门都没有结果，这天中午他又去了，再次遭到冷遇和拒绝，他带着抑郁和无奈走出贸易公司，见门前的小柳树被刚才的暴风雨刮倒了，他抬头看看天，已雨过天晴，风和日丽，他满怀心事地走过去，想了想，很认真地将小树扶起来，还从自己的车上找来一根绳子，将小树捆住，让小树站在两棵大树中间，固定在那两棵粗壮的树杆上，这才准备离开。这时，他被人喊住了，因为他的举动，已被坐在门卫室里的总裁全看在了眼里，总裁给了约翰逊与贸易公司合作的机会。在签订合同时，总裁说："我没有理由不与你这样的人合作，像你这样的人也没有理由不获得成功。"不久，约翰逊的小作坊很快发展成为一家著名的服装企业，产品畅销世界各地。

不要忽视工作中的小事，万事从小事做起，认认真真、踏踏实实，因细节而成功，因细节而发展。

在比较中国公司员工与日本公司员工的认真精神时，海尔总裁张瑞敏先生曾说：如果让一个日本员工每天擦桌子六次，日本员工会不折不扣地执行，每天都会坚持擦六次；可是如果让一个中国员工去做，那么他在第一天可能擦六遍，第二天可能擦六遍，但到了第三天，可能就会擦五次、四次、三次，到后来，就不了了之。由此而感，他表示：把每一件简单的事做好就是不简单；把每一件平凡的事做好就是不平凡，万事从小事做起。

中国员工与日本员工的认真、精细比较起来，确实有大而化之、马马虎虎的毛病，以致社会上“差不多”先生比比皆是，好像、似乎、几乎、大约、将近、大致、大体、大概等等，成了“差不多”先生的常用词。就在这些词汇一再使用的同时，生产线上的次品出来了，矿山上的事故频频发生了，社会上违章犯纪不讲原则的事情更是屡见不鲜。

与“差不多”“大概”的观念相应的，是人们都想做大事，而不愿意或者不屑于做小事。也就是所谓的：“芸芸众生能做大事的实在太少……”

随着经济的发展，社会分工越来越细，专业化程度越来越高，也要求人们做事认真、精细，否则会影响整个社会体系的正常运转。如一台拖拉机，有五六千个零部件，要几十个工厂进行生产协作；一辆上海牌小汽车，有上万个零件，需上百家企业生产协作；一架“波音747”飞机，共有450万个零部件，涉及的企业单位更多。而美国的“阿波罗”飞船，则要二万多个协作单位生产完成。在这由成百上千乃至上万、数百万的零部件所组成的机器中，每一个部件容不得哪怕是1%的差错。否则的话，生产出来的产品不单是残次品、废品的问题，甚至会危害人的生命。

所以，无论做人、做事，都要注重细节，从小事做起。我们的古人就提倡“天下大事，必作于细；天下难事，必成于易”；周恩来总理就一贯提倡注重细节，他自己也是关照小事、成就大事的典范。

东汉的薛勤说，“一屋不扫，何以扫天下？”它蕴含的道理是，欲善其大事，必先把小事做扎实、做深入，所谓千里之行始于足下，九层之台起于垒土；在各种领域，任何大事业的完成，最终都要落到一个个具体的小事上。

《道德经》说："天下难事必作于易，天下大事必作于细。是以圣人终不为大，故能成其大。"其实就是说，一切的大事都是由小事积累而成的。没有小事就没有大事，忽略了小事就难成大事。

万事从小事开始，把小事做细，逐渐锻炼意志，增长智慧，日后才能做大事，而眼高手低者，是永远干不成大事的。

把每一件简单的事做好就是不简单，把每一件平凡的事做好就是不平凡。要知道能让卫星上天的是人才，能让厕所不漏水的也是人才。能让卫星上天的确了不起，能让厕所不漏水的也同样很了不起！身为青少年，千万不要小看工作生活中的任何一个小的事情，也许它就是改变你一生的开始，也是说不定的噢！

4 经常参加公益活动

公益从字面的意思来看是为了公众的利益，它的实质应该说是社会财富的再次分配。公益活动是指一定的组织或个人像社会捐赠财物，时间，精力和知识等活动。公益活动的内容包括社区服务，环境保护，知识传播，公共福利，帮助他人，社会援助，社会治安，紧急援助，青年服务，慈善，社团活动，专业服务，文化艺术活动，国际合作，等等。

公益精神就是愿意为改善"公域"部分而奉献努力的精神。生活中，每个人都需要关爱。如果没有关爱，社会生活就会枯燥无味，人间就没有真、善、美。只要处处有关爱，世界就会变得更美好、更灿烂。

§ 关爱带来快乐

维维，以前最喜欢购买名牌服装，现在她只穿棉质或天然材料制成的服装。高档化妆品和护肤品买得少了，有时间维维就去健身房锻炼。每个周末，维维还和朋友一起去福利机构做义工。维维说："生活方式

改变了，我的心态也发生了彻底的改变，心情变得更好，每天都很快乐。

关爱自己，关爱地球，做好事，有活力，爱并快乐着。现在世界上越来越多的人群尤其是中产阶层都在追求这种生活方式，他们认识到钱不一定能带来快乐，也不一定会带来社会的发展，但是如果大家都做善事，回馈社会，关心生态自然，把生态环境搞好了，就能使整个社会健康、循环的可持续发展。

社会公益事业是中国优良传统的延续，是构建社会主义和谐社会的内在要求。

随着市场经济的发展，在众多取得丰裕经济收益的成功企业家中，逐渐涌现出一批富有社会责任感和公益道德心的人。他们重新思考生命的意义，重新定义企业使命。他们以企业家的才能去做慈善家，以公民的责任去做公益活动家，由此参与社会的自我治理，从而复兴和深化民间公益传统。他们身体力行"经世济民，以人为本，义利兼顾"的经营之道，因而取得经济效益与社会效益的双赢

公益，是每个企业必尽的责任；公益，是每个企业家应有的良知。

放眼社会，多少失学儿童需要关爱，多少孤儿需要关爱，多少贫困地区的人民需要关爱，多少在病魔折磨下的病人需要关爱……这些都多么希望我们伸出关爱的手啊！有一首歌叫作《爱的奉献》，里面有这样一句歌词："只要人人都献出一点爱，世界将变成美好的人间。"每个人都有三重身份，除了是一个个人外，还是一个家庭成员，同时也是一个社会人。

因此，我们每个人的行为举止，不仅仅要对自己负责，也会对家庭和社会产生影响。尽管每个人于社会很渺小，就像投入大海的一滴水，虽然它几乎不能改变水的质量，但谁也不能说它的影响是不存在的，特别是身处它附近的，可以清楚地感觉它的温度、它的色彩、它的内涵。

§贡献自己的力量

李南和杨光经常在星期天来到区福利院，通过义工和福利院老人孩

子的互动，他们的爱心得到了进一步的升华，福利院的老人和孩子进一步感受到了社区的温暖和幸福归属感，大家的脸上都洋溢着温馨的笑意。结束后他们和福利院老人、孩子们进行了合影，确定了“手拉手”的亲人关系，李南和杨光决定每到节假日都进行相互走访，给予力所能及地帮助。

义工，是指任何人志愿贡献个人的时间及精力，在不为任何物质报酬的情况下，为改善社会服务，促进社会进步而提供的服务。做义工的大多都是非常有爱心的人，因为做义工是没有报酬的，全凭自愿，不会有人督促你去做什么。在这个物欲横流的年代，能这样做是我们的骄傲，相信随着人们觉悟的不断提高，加入这支队伍的人会越来越多，大家的环保意识会越来越强，我们的社会会越来越美！

今天的中国有八亿农民，有无数个边远山区，要让他们摆脱贫穷与愚昧的落后状况，就必须在教育体制上下功夫，让他们享有优质的教育权利，让他们掌握知识、技术，从而走向富裕。支教在于亲身体验，不仅是支教者的体验，更是山村孩子们的一次体验，没有比这个更重要的了。

李垒是知识分子的代表。他是某市第七中学的数学教师，有着20多年的从教经验，曾获得全国希望杯数学竞赛辅导一等奖。

作为骨干教师，2006年9月，自己主动申请派到西部某中学支教。在此后一年多时间里，他每周不仅要负责10节固定课、2节辅导课的教学工作，还结合多年教学优势，主动提出增加两个教学学时，为此中学开设了数学奥林匹克兴趣班。

在李老师的辅导下，该中学许多学生的数学成绩都有了明显提高。该学校三年级学生还在全州数学奥林匹克竞赛中荣获一等奖，创造了此中学建校50多年来各项竞赛的最好成绩。

支教不仅是种体验，更是一种责任。支教影响的不是一个人，而是一代人，甚至几代人。即使参加志愿者活动的人出于各种不同的目的，但是，他们去了，就是最有力的证明，就是对社会做出的最大贡献。虽然在大城市里有成功感、成就感，但你绝对不会有崇高感。而在山区支教，你会有这样的感觉，因为孩子们的人生可能由于你的参与而得到改

变。和谐社会，和谐社区，呼唤我们学会关爱，回报社会。用自己的一言一行去帮助别人，温暖他人，哪怕只是一个微笑、一声问候，都可以让我们的社会变得更加美好。关爱将成为我们心里永恒的话题，让关爱之风吹遍中华大地，给社会带去生机、带去温暖。

"公益"，已经成为电视节目的流行词。大家最熟悉的节目湖南卫视《勇往直前》，是一个为了公益事业而制作的娱乐节目，受到众人的关注，引起社会极大的反响。那些名人们为了给贫困山村的孩子们建一所希望小学，挑战自我，挑战极限，就是为得到能挽救孩子们未来的那笔资金。

在观众们的印象里，最深刻的就是魏晨与彭宇过水桥的那一幕。

一个网站这样描述道：意料之中，尽管还是很小心，彭宇和魏晨落入水中。魏晨一面往岸边游，一面说着：快点游回去，我们再来一次，天黑了就来不及了。还是那样真诚而单纯的口吻，像个一意孤行的孩子。天空暗淡起来，两人体力逐渐不支。魏晨说，我们可不可以想别的方法过去呢？出人意料的，彭宇和魏晨依次把住绳子，然后转身。画出完美的半圆型弧线，整个人倒吊在了绳子上。一下一下，向前移动着四肢，慢慢攀爬。

一位老人说，当年红军渡河，也是这么过去的。观众席响起了一阵掌声，不是惊讶的，不是狂热的，不是欢呼的，不是鼓励的，而是感动的，感动到心痛。是崇敬的，像崇敬两个军人。为了一个分明不可能的任务，为了一份责任背后的执着，为了一个无可奈何中的另辟蹊径，为了两个朴素的转身。

我们在为公益事业贡献自己那一分力量的同时，为的不是那片掌声，不是别人的称赞，而是给自己的人生添上彩色的一笔。如果每个人献出一份爱，一个微笑，社会将会是充满爱的社会。

人活着不能只为自己，也要为社会尽自己的一点力量。并非一定要成就伟人或什么大事业才可以对社会做贡献，日常生活中，有许多需要我们为社会尽职尽责的地方。

5 告别依赖，走向自立

过于依赖他人，会让自己失去行走的能力。法国大文学家雨果说：“从来便没有什么救世主，也不靠神仙皇帝，要创造人类的幸福，全靠我们自己。”任何时候都要把命运抓在自己手里，中国有句老话：“自己动手，丰衣足食。”所以青少年不要过于依赖他人，要学会自立。

过于依靠父母、老师、同学是不好的一种习惯。激烈竞争的未来社会需要创造性、独立性的人才。一个依赖性太强的孩子，离开了依赖对象就茫然失措，寸步难行，试想，当他长大成人、进入竞争激烈的社会之后，又怎能生存、发展，有所作为呢？

§告别依赖

春秋战国时代，一位父亲和他的儿子出征打战。父亲已做了将军，儿子还只是马前卒。又一阵号角吹响，战鼓雷鸣了，父亲庄严地托起一个箭囊，其中插着一支箭。父亲郑重对儿子说：“这是家传宝箭，配带身边，力量无穷，但千万不可抽出来。”那是一个极其精美的箭囊，厚牛皮打制，镶着幽幽泛光的铜边儿，再看露出的箭尾，一眼便能认定用上等的孔雀羽毛制作。儿子喜上眉梢，贪婪地推想箭杆、箭头的模样，耳旁仿佛嗖嗖的箭声掠过，敌方的主帅应声折马而毙。果然，佩戴着宝箭的儿子英勇非凡，所向披靡。

当鸣金收兵的号角吹响时，儿子再也禁不住得胜的豪气，完全背弃了父亲的叮嘱，强烈的欲望驱赶着他呼一声就拔出宝箭，试图看个究竟。骤然间他惊呆了。一只断箭，箭囊里装着一只折断的箭！我一直挎着只断箭打仗呢！儿子吓出了一身冷汗，其意志仿佛顷刻间失去支柱的房子，轰然坍塌了。

儿子惨死于乱军之中。拂开蒙蒙的硝烟，父亲拣起那柄断箭，沉重地啐一口道："不相信自己的意志，永远也做不成将军。"

把胜败寄托在一只宝箭上，多么愚蠢，而当一个人把生命的核心与把柄交给别人，又多么危险！

自己才是一支箭，若要它坚韧，若要它锋利，若要它百步穿杨，百发百中，磨砺它，拯救它的都只能是自己。

自立自强才是成功的关键！

萧蔷都十五岁了，却像怎么也长不大似的，什么事都依赖别人，一点儿独立能力也没有。比如，爸爸晚饭后出去办点事，她就不敢在家里待着；她在学习中遇到难题时，也不爱独立地去思考，只等着大人给她讲，要么就干脆等同学做完后抄人家的；对一些事情也没有自己的主见，大人说什么就是什么。

青少年过于依赖他人，一旦失去依赖的话就会变得无所适从。

如今的社会，最受人重视的是能力的培养。所谓能力的培养，就是指要培养我们的独立性。如果说人的一生中，连这一条原则都没有的话，那就等于白活了。就好像说——棵树，如果它连雨水和阳光都不能自己吸收，还谈得上生根发芽吗？所以青少年要告别依赖，学会自立自强。

§走向自立

莎士比亚出生于英国一个富商家庭。13岁时，便离开学校，帮助父亲料理生意。16岁离开家庭，外出独自谋生。在伦敦一家剧院门前替看戏的绅士门照看马匹，在剧院打杂儿，有时给演员们题词或跑跑龙套。此外还在屠宰场当过学徒，帮人家做过书童，做过乡村教师，当兵，做过律师，任过小官。为了谋生，他漂过英吉利海峡，到过荷兰、意大利。

莎士比亚在独立谋生的闯荡中，丰富了人生经历，增长了才干。为他后来创作《罗密欧与朱丽叶》《仲夏夜之梦》《威尼斯商人》《哈姆雷特》等一大批著名悲喜剧奠定了基础。

法国鲍狄埃说："路要靠自己去走，才能越走越宽。"易卜生先生曾经说过："世界上最坚强的人就是独立的人。"是的，因为自立的个人才会有所作为，自立的国家才会不受欺负，实现繁荣富强。

我们要学会自立，更要懂得自立。因为总有一天我们会长大，许多事情都要自己解决，自己面对。

青少年不能事事都依赖于他人，因为不懂得自立的就会被社会所淘汰。

一位母亲，因为有一次她的儿子上街迷了路，这位母亲找了很久才找到。她看着儿子说："妈再也不让你出门了。"从此以后，她的儿子不能上学，就连吃饭、洗脸也只能在床上，所有的事都不让儿子干。现在她的儿子有30多岁了，但是智力还相当于7岁的孩子一样，根本无法自立。

人生在世，必须要自立。这是做人最起码要求，如果有谁做不到，他就不能得到别人尊重，甚至得不到家里亲人的尊重。

旧社会有一种人，祖上创下的家业，他拿来供自己吃喝玩乐，结果败得精光。就像寄生虫一样，这种人其实一辈子都是依靠别人，从来没有真正做一个有主心骨的、能够当家做主的人。这种人是受人鄙视的，人们给他们冠以"一世祖""败家子"的称谓，把他们作为坏典型来教育孩子。

旧社会还有一种无法自立而不能自强的人，就是妇女。封建宗法制度预设了妇女的依附地位，所谓"在家从父，出嫁从夫，夫死从子"，把妇女束缚在家庭之中，使她们在社会上没有独立的地位。旧时代的妇女是没有自由、不能自己做主的，她们任人摆布，甚至任人宰割，实际上是家庭奴隶。直到"五四运动"兴起，提倡妇女走出家庭，参加社会工作，广大妇女才一步步争取到了独立的社会地位，开始自己掌握自己的命运。新中国成立之后，妇女地位更是空前提高，她们成了"半边天"，和男人共同承担社会的责任，主宰国家的命运。在近一个世纪的妇女解放运动里，无数事例都有力地证明了"自立才能自强"这个道理。

当然，人生在世，父母、夫妻、儿女、亲戚朋友、同学同事等各种人际关系，彼此之间也会或多或少地互相依靠。自立也不等于绝对不靠

他人，尤其是遇上个人力所不及的困难时，依靠群体帮助来渡过难关，是很正常的事。而且这种互相帮助也是增进亲情、增进友谊所不可缺少的。不过，这里要有个尺度，就是："靠人更须靠己。"

做一个独立自强的人，首先得靠自己努力，要立足于自力更生，这也是做人的骨气，然后才是考虑接受别人的帮助，即便是对于亲生父母，也应如此。

俗话说："食凶食娘不知痛。"父母养育儿女本属天经地义的事，但是如果儿女已经长大成人，却不思自立，仍长期依赖父母养着，就不可原谅了。这种人其实跟上面说的"二世祖"之流差不了多少，应该自己感到羞愧才对。父母没法养你一辈子，想再靠别人就难了。归根结底，如果不想去做乞丐，还是及早学好本领，自立自强，让父母看着放心！

6 自己的事自己干

郑坂桥临死前留给他儿子的遗言："流自己的汗，吃自己的饭，自己的事情自己干；靠天，靠地，靠祖宗，不算是好汉。"现在的学生大多以为自己是个小孩子，什么事情都要靠父母，这样的人是不能成就大事的，即使有个好的学习成绩也没什么用，一个人首先要自立才能谈到是一个真正意义上的人，当然，由于学习并没有固定的经济收入，现在要谈到绝对的自立是不可能的，但关键的是要培养这种意识，并将其体现在为人处世的各个方面。

有的同学在学习上稍微遇到困难便丧失信心，跑去请教别人或查看参考书，这也是没有自立精神的一种体现，久而久之，就会产生很强的依赖心理，非常不利于自己的进步。

§ 要有自理能力

一位女学生到学校的浴室去洗澡，等全身淋湿后，才突然想起没带

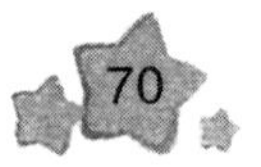

洗涤用品和替换的衣服（平时都是由妈妈事先替她放置好的）。她既不知道怎么洗下去，又想不出擦干身子的办法，只好在浴室里号啕大哭。

生活自理能力是自身能够生存、竞争与发展的基础，青少年要认识到自己的事情应该自己干，懂得生活自理能力需要有意识地去培养。

在生活中，很多我们自己能够做到的事情，爸爸妈妈为我们“代劳”了！这很容易使我们养成懒惰，依赖他人的不良习惯。我们渐渐成长，在生活中会遇到很多事情，都需要我们自己独立去面对，去处理，这就需要我们有良好的自理能力。

自己的事自己干有利于培养自己的动手能力，磨炼我们的意志。现在，社会飞速发展，人才的需要也逐步在向知识、能力相结合的方向发展。要成为跨世纪的人才，我们必须培养自己的动手能力。而动手能力的培养，绝非一朝一夕的事，它是要经过长时间的实践磨炼出来的。在这个过程中，我们要脱离家长、老师等的帮助，完全靠自己的能力，发挥自己的智慧，把自己的事干好。科学巨匠伊林从小就自己的事自己干，培养了能力，终于成功了。

自己的事自己干有利于培养我们的独立意识。也许，在父母为我们准备好一切的时候，我们会感激父母。但我们也要知道，小鸟终有一天离开父母的羽翼，只有能展翅翱翔、自力更生的鸟才会成为一只雄鹰。作为跨世纪的一代，我们应该有属于自己的天空。我们的路要靠自己的脚踩出来，我们要敢闯，要敢干；而自己生活中的小事都不会干，还奢谈干什么大事？

自己的事自己干在社会主义新时期显得非常重要。当前，我们的祖国正在以前所未有的速度向前发展，我们面临着一个伟大的历史性转折，作为炎黄子孙、华夏儿女，看着祖国的巨变，我们不能甘于落后，社会主义建设事业需要我们有创造意识，有自理能力，有自强精神。

自己的事自己干，才能在未来激烈的竞争中立于不败之地。

自己的事自己干是一种人生观，是一种良好的学习，也是一种积极的生活态度。

自己的事自己干意味着要独立地安排自己的生活；自己的事自己干意味着要离开父母和老师的庇护；自己的事自己干就意味着要独立自主

地处理学习以及生活中遇到的难题。

§ 路是自己走出的

苏联火箭之父齐奥尔科夫斯基（1857～1935年）10岁时，染上了猩红热，持续几天的高烧，引起了严重的并发症，使他几乎完全丧失了听觉，成了半聋。他默默地承受着孩子们的讥笑和无法继续上学的痛苦。

他的父亲是个守林员，整天到处奔走。因此教他读书写字的担子就落到妈妈身上。通过妈妈耐心细致的讲解和循循善诱的辅导，他进步得很快。可是当他正在充满信心地自学时，母亲却患病去世了，这突如其来的打击，使他陷入了极大的痛苦。

他不明白，生活的道路为什么这么难？为什么这么多的不幸都落到了他的头上？他今后该怎么办？父亲抚摸着他的头说："孩子！要有志气，靠自己的努力走下去。"是啊！学校不收、别人嘲弄，今后只有靠自己了！年幼的齐奥尔科夫斯基从此开始了真正的自学道路。

他从小学课本、中学课本一直读到大学课本，自学了物理、化学、微积分、解析几何等课程。这样，一个耳聋的人，一个没有受过任何教授指导的人，一个从未进过中学和高等学府的人，凭着始终如一的勤奋自学、刻苦钻研，终于使自己成了一个学识渊博的科学家，为火箭技术和星际航行奠定了理论基础。

想要依靠别人来获取幸福是不现实的，那只能使你的前途一片暗淡；路再远，再荆棘载途，只要自己去走，勇敢地去披荆斩棘，就一定能走到目的地。

人生于天地之间，自立自强才是人生最重要的课题。人生最可依赖的是什么？是知识、是智慧、是汗水。人常说"靠人种地满地草，靠人盛饭一碗汤"。父母都不可能依靠一生一世，何况他人？因此，这个世界上最可靠的不是别人，而是自己。

清末封疆大吏左宗棠告老还乡，在长沙大兴土木，打算为子孙后代留下豪华府第。他总是怕工匠偷工减料，便亲自拄着拐杖到工地督工，这儿摸摸，那儿敲敲。有位老工匠看他如此不放心，就说："大人，放心吧。我活了这么一大把年纪，在长沙城里造了不知多少府第。在我手上造的府第，从来没有倒塌过，但屋主易人却是常有的事。”左宗棠听后，不觉满面羞愧，叹息而去。同为名臣，林则徐在对待儿孙的问题上就要开明得多。他曾说：“子孙若我，要钱干什么？贤而多财，则损其志；子孙不若我，要钱做什么？愚而多财，益增其过。”为子女留下财富，不如留下更多的知识，后代不一定能保留住财富，但须用知识去创造财富。

由此可见，财富是宝贵的，但比财富更宝贵的是知识，财富是靠自己创造的。青少年要懂得，这个世界上有很多东西要想得到，都得靠自己。

鲁迅说：“路是自己走出来的。”所以青少年要从小培养独立自理的能力，自己的事自己干，只有靠自己，才能获得未来的成功。

7 走出家门，走向人群

青少年要想立足于社会，成功成长，学历固然重要，当众讲话和人际沟通的能力更能帮助其在众人面前脱颖而出。交流和沟通是架起人与人之间关系的桥梁，是彼此了解、帮助、鼓励的途径，生活中需要彼此的交流和沟通。

人从出生以来就一直进行着各种各样的沟通，然而，如今一些青少年因为与人沟通太少，遇到不少人际关系方面的烦恼，给他们的学习和生活带来不少难题。所以青少年要走出家门去，融入人群，能培养自己的口头表达能力，对以后的交往是非常有利的。

§常与人沟通

古时候，有一个秀才去买柴。他对卖柴的人说：“荷薪者过来！”卖柴的人听不懂“荷薪者”（担柴的人）三个字是什么意思，但是听懂了

“过来”两个字是什么。于是把柴担到秀才面前。

秀才问他：“其价如何？”卖柴的人不太懂这句话的意思，但是听得懂“价”这个字。于是就告诉秀才价钱。

秀才接着说：“外实而内虚，烟多而焰少，请损之。（你的木材外表是干的，里头却是湿的，燃烧起来，会浓烟多而火焰小，请减些价钱吧。）”卖柴的人因为听不懂秀才说的话，于是，担着柴就走了。

在人类社会里，沟通，是简单而平凡的字眼，它无时没有，无处不在，就像水和空气一样。而且，它还会影响人的一生。人们沟通能力的高低并不是天生的，而是通过后天改变的。

沟通需要有足够的耐心，因为沟通是需要花时间的。只要我们善于观察对方的情绪变化，能够掌握沟通的理论和技巧，就能面对各种不同的场合与各种不同的人，进行很好的沟通，就会取得良好的沟通效果。

有效沟通对于人生发展的成败关系密切。因为它有利于建立和谐、团结、融洽、友爱的人际关系，可以使青少年在学习和生活中互相尊重、互相关照、互相体贴、互相帮助；从而获得友情和温暖。有效沟通不仅可以与其他人协调一致，而且还可以获得他人的支持和帮助，从而大大地提高学习效率。有效沟通不但能使自己做到工作好和学习好，更重要的还有利于形成所在团体内部融洽的群体气氛，增强群体的团结合作，便于发挥团队精神。

当今世界，由于社会的快速发展，有效沟通已关系到人们社会心理、社会交往、合作效率、素质教育以及社会文明建设的需要问题。

在现实生活中，很多青少年常常苦于人际关系的紧张与无奈，而产生一种莫名的烦恼，总之就是一句话，就是少了沟通与交流。人与人之间是不同的，当然每个人的想法也不会一样，如果你不与对方沟通与交流，你就不会知道对方想的是什么。

生活中需要彼此之间的交流和沟通，而不应该是自卑。自卑的人看不到自己的长处，总是拿自己的短处和别人的长处相比，由此自惭形秽，顾影自怜。理想对他们来说成了幻想，对学习、工作、生活从而失去了应有的热情和信念，就会自暴自弃，放弃了努力奋进的勇气和信心。从而起到坏的作用。因此，我们彼此之间必须学会交流和沟通，用

语言来鼓励、帮助别人，同时也要鼓励自己，树立好的信念，共同的进步，对生活充满希望。

通过彼此之间的交流和沟通，我们就会对自己、对别人更有信心。有了自信的人会更有力量，因而对生活更充满希望。能够正确地看待自己、主人自己，相信自己的能力会达到一定的高度。这样会使我们充满进取的激情和奋斗的力量，在困难和挫折面前才会不服输，最终达到成功的彼岸。人与人的交流使自己充满信心，比如张海迪、海伦·凯勒，在人们之间到处都存在有他们的身影。张海迪和凯勒都是重残人，如果不与别人交流，试想她们又怎会对自己充满信心。因为她们有了与别人的交流，有了别人的鼓励，才会有了自信，才会战胜常人不敢想象的困难，才会创造阳光辉灿烂的人生。

生活中有了交流和沟通，才会给予人们彼此之间的鼓励帮助，才会扬起辉煌的生命之帆。因此，青少年要学会彼此之间的沟通和交流，要让沟通和交流成为生活中的习惯。

§ 敢于表达自己

被誉为世界上最伟大的推销员的吉拉德，总是随身带着名片，见到人就递上一张，有时在观看体育比赛，当观众为运动员的精彩表演而起立欢呼时，他就掏出一把名片随手撒出，以便为自己创造更多的机会。

机会不会两次敲你的门。能够主动发现机遇、抓住机遇、创造机遇的人，往往都能具有敏锐的洞察力和预测能力。开始的时候，我们不一定能够具备这种能力，但是我们至少要有这种意识。等待好机会才做事的人，永远不会成功。机会一般不会自动找到你，只有敢于表达自己，让别人认识你，吸引对方的注意，才有可能寻找到机会。

在日常生活中，有些人总希望有一个突然的机遇把自己从地狱送到天堂，眨眼之间就具有一份值得炫耀的工作。但事实上，只有一小部分机遇是靠侥幸得到的，更多的是要靠自己的努力和实力去争取。

马其顿国王亚历山大大帝在打了一个胜仗之后，有人问他，假如有机会，他想不想攻占第二座城市。“什么？”亚历山大怒吼起来，“机会！

机会是我自己制造的！”

你敢于站出来当着别人表达你的意见吗？不敢大声说话的人，往往对生活具有强烈的恐惧感。导致他们恐惧的最主要的原因是他们骨子里害怕失败，他们更希望在生活中经常隐居在一个环境优美又无大风大浪的安全港湾。他们害怕所有的失败，并想通过回避失败来逃离失败的后果。他们不敢站出来当着大家的面表达自己的意见，因为他们害怕得不到众人的认同。他们害怕当着大量的观众讲话，因为他们害怕因为自己讲演不成功，而给自己的脸上抹黑。他们害怕面试时被主考官的问题刺中要害，一命呜呼。他们总之是前怕狼，后怕虎，他们认为生活中无时无刻不存在着致命的危险。

一般认为，能力强的人，总是让人联想到自信果断，他们在会议上神态自若，言辞滔滔不绝；而能力差的人，大多是那些一发言就唯唯诺诺沉默不语的人。在关键时刻保持沉默是非常危险的。当别人专心进行讨论时，如果你一言不发，他们就会完全忽视你的存在，而你如果说话声音过小，则更容易引起他们的误会，以为你是能力不够所以才显得过分拘谨。

日常生活中，你完全不必处处高声大嗓，但在公众场合或在重要时刻，却一定要注意勇敢大声地表达自己的观点和意见，咬字要清晰，语气不要激烈激动，声调的大小要足以让在场的人完全听到听清。就凭这一点，你就会让人觉着你勇敢自信，有大家风范。

只有走出家门，走向人群，才能有与人交流和沟通的机会，只有常和人沟通，才能锻炼自己的口头表达能力，才敢当众表达自己。

长时间的沉默会给人造成极大的心理压力。我们常常可以在影片中看到监狱中有一个叫作禁闭室的房子，用来惩罚不听话的犯人。房间不仅非常狭窄而且最重要的是那里既见不到阳光又没有人和你说话，你就这么静静地待着，一待两个星期或者更长。实际上，正常的人即便是在里面关上一天都感觉度日如年。因为人生是排斥黑暗和沉默的，沉默使人感到没有依靠，有的时候真的可以让人为之疯狂，所以人常常会沉不住气。

所以，青少年要远离自闭，走出来，外面的世界很精彩，让自己在精彩中绽放自己，让自己在人群中脱颖而出。

中篇

为明天的生活投资

第四章

培养生活自理能力，打牢成功根基

生活自理需要青少年养成良好的生活习惯，良好的生活习惯不但能够促进青少年的身心健康，而且还对其的未来发展有一定的间接作用。青少年精力旺盛，又处于长身体、长知识的阶段，良好的生活习惯是确保他们顺利度过人生的重要基础，为了使其身心健康，每一个青少年都应该切实重视培养其自立的品质，从而形成一种良好的生活习惯。

1 自立的第一步——自理

青少年的生活自理能力的培养对人的一生十分重要，自理能力是一个正常人生活的最基本的能力。对于现在很多高中生来说，大部分的时间和精力都用在学习上，生活上很多事情都是由自己的父母包办打理，从做饭、洗衣服到理发，有的青少年甚至从没有收拾过床被、打过洗脸水。试想一下，青少年们总有一天要离开父母的怀抱，到那个时候，一点生活自理的能力都没有，更何况谈事业有成呢。所以，青少年要学会自理，特别是上了大学之后，生活环境有了很大的变化，没有了父母、长辈的悉心照料，不会自理真是寸步难行。

§ 从自理到自立

高考时，年仅16岁的某中学学生小尤以667分的成绩被北京大学基础医学部录取，学制8年，本硕博连读。然而，接到这个好消息的那一刻，小尤却也开始了他的“自理课”的恶补——他要在开学前学会自理自立。

对于小尤16岁就考取本硕博连读这样好的成绩，的确让人佩服；然而同时恶补“自理课”，“临上轿现扎耳朵眼”做法，却让人觉得有点美中不足。再试想一下，如果小尤没有考取大学的话，是不是还会继续维持原状下去呢？要知道，在美国，8岁的儿童就可以自己独自乘坐飞机在各州穿行了。小尤确实是天才，是块好玉，但难掩不会自理的“瑕疵”。

如今，独生子女的家庭越来越多，很多的青少年成了家里的宝贝。很多的家长疼他们都来不及，更不用说让孩子去做什么家务了，然而，这也导致了青少年是把学习搞上去了，别的却什么也不会，他们过着饭

来张口，衣来伸手的生活。在学校里，老师重视的同样是成绩，哪个学生分数高，即便其“德体美劳”都差劲，同样会是老师的宠儿。这蟪原因都是导致青少年自理能力差的关键原因，同时也是使青少年产生强烈依赖心理的关键因素。

但是，虽说家长与学校在青少年自理能力差的方面应负责任，但对于青少年本身来说，人生是自己的，这些都只是一个外在因素，内因还是在自身，我们知道，只有内因才是主导事情发展的关键因素，所以，青少年应从自身着手，改变自己的观念，提高自己适应各种环境的能力，多给自己一些必要的锤炼。天下的父母都是疼爱自己的孩子的，相信父母看到自己的孩子自理能力强，在心疼之余却会从心眼里发出真心的微笑的。

§青少年如何培养生活自理能力

青少年总有一天要离开父母的怀抱自立于社会，自立于人生。对青少年来说，具备一定的生活自理能力，对其体力、智力、良好的个性形成和今后的发展奠定了基础，也是青少年形成健康人格的重要前提，对他们将来成为社会人有着极为重要的影响。

我们知道，很多的青少年在上大学之后，由于周围的生活环境发生了很大的变化，在他们的身边没有了父母、长辈每日的悉心照料，许多事情需要独自处理，真正的独立生活开始了。对于青少年来说，从离不开父母的家庭生活到事事完全自理的大学生活，这一切都要从头学起，所以，从某种意义上说，这是一种真正的生活独立性的训练。

首先，学会日常生活的打理。

对于青少年来说，要学会准时起床、运动，学会自己料理床铺，收拾房间，学会自己洗衣服，缝补衣服，学会自己照料自己……在学习的过程中，如果能够和同学进行交流就更好了，因为同学间的互相影响和互相学习能够在一定程度上促进生活自理能力的提高。

其次，独立生活的另外一个重要方面是对钱财的管理。

很多青少年对于如何“理财”，一般都没有太多的经验，由于家长

一般每月或每几个月给一次生活费，青少年就要自己独立计划如何进行消费了。计划不当甚至没有计划的学生常常在最初的时间里大手大脚，把后面的伙食费提前花掉。赶时髦、讲排场的社会风气对青少年来说也有相当的影响，往往娱乐一次的开支就花掉生活费的一大半，加上平时的伙食费，每个月的生活费就所剩无几了。

因此，青少年要学会一种新的“理财”观念，要注意考虑：在生活中，哪些开支是必须的，哪些开支是完全不必要的，哪些是可有可无的……正所谓“钱要花在刀刃上”，要避免完全不必要的消费，可花可不花的尽量少花。此外，还要根据父母的经济能力和自己“勤工俭学”的能力来进行日常消费。

当青少年有了这些基本情况的分析，然后再确定自己每个月的“消费计划”，使之切实可行。并且要尽量按照计划执行，多余的钱可以存入银行，以备急需时使用。相信这样坚持下去，久而久之，青少年对自理的生活就会逐渐适应了。

另外，青少年在学习自理的过程中，有以下几点需要注意：

1．要遵循循序渐进的原则。

自理能力形成是长期的，不是一蹴而就就能形成的。所以，在日常生活中，在培养自己生活自理的能力是要实行循序渐进的原则，一步一步地来。

2．要有耐心，持之以恒。

青少年培养自己的生活自理能力不是一朝一夕就能完成的，要从生活的小事中开始培养，要持之以恒。刚开始的时候，往往做得很慢，有时甚至“闯祸”，这时，要对自己多些耐心，不能因此就害怕动手，要耐心地坚持劳动，养成习惯。

3．采用多种形式，形象地进行学习各项生活、劳动技能。

总之，培养良好的生活自理能力，需要各方面的配合，首先自己就要具备正确的教育观、生活观、发展观，要相信自己，大胆地动手去操作，从而提高自己在生活自理方面的能力。

2 自己动手，丰衣足食

在如今这个时代，大多数家庭的孩子都是独生子女，父母、爷爷奶奶、外公外婆都视之为宝贝，孩子从小就在长辈们的重重关怀之下成长，过度的宠爱往往导致孩子在日常生活中严重依赖亲人，造成长大以后生活自理能力极差。

曾有这样一个孩子，面对没有剥壳的鸡蛋竟不知如何下口，因为平时都是父母剥好壳送到嘴边的，这正是溺爱导致过度依赖的典型例子。

§独立自主，自力更生

从前，有个猎人不小心在森林里迷了路。

天色渐晚，猎人担心起来，这时，他又恰巧来到了一个从未到过的地方，这是森林与草地的交界处。突然，更不幸的事情发生了，猎人踩到了沼泽地里。

这是一片不大的沼泽地，遮掩得很好，轻易不可能被发现。猎人感觉到自己的身体在一点点下沉，他大惊失色，一时手忙脚乱，不知如何是好！于是，他大声呼喊，希望有人来救他。然而，那个地方真的太偏僻了，猎人叫了许久，仍然没有任何一个人出现。当泥沼上升到猎人的胸部时，猎人越发惊慌失措。他浑身乱动，努力想挣扎起来，然而，没想到是越挣扎陷得越深。终于，在一颗流星划破天际的时候，沼泽无情地吞没了可怜的猎人。

几天后，人们在那片沼泽地看见了猎人的帽子，知道了发生的一切。同时，人们在猎人遇难的地方，看见了一根大树的枯枝。那根枯枝离他并不远，他原本可以通过努力抓住它，然后爬出沼泽地。然而，他却把渺茫的希望寄托到了别人身上，没有试着依靠自己的力量战胜遇到的困难，失去了这个最后的生存机会。

人生的道路上，我们难免也会和这个猎人一样身处险境。这个时候，与其等待别人的救助，真的不如依靠我们自己的力量去拼搏去奋斗。这样，或许成功的机会会比依靠别人大很多。因为面对生活中的很多难事，要想解决它们，别人不一定是你的救星，相反，你自己才是你最大的救星。

当代青少年，是祖国未来的希望，而不能做那个连鸡蛋都不会剥的孩子，不能做生活中的“残疾人”，什么都要依靠父母。一个人最终会长大，早晚要独立，这是不争的事实。独立行走，使人脱离了动物界而成为万物之灵。当青少年跨进青春之门的时候，进入青春期后就开始具备了一定的独立意识，但对别人尤其是父母的依恋常常使其感到困惑。一方面青少年们想要独立，一方面又觉得离开了父母的帮助让自己感到很不舒服，还有一些青少年理解错了独立的意思。父母希望慢慢长大的孩子自己学会独立，但是独立不是让你我行我素地去做事情，独立不是让你什么事情都不要告诉父母。青少年朋友要注意的是：要找好独立与依赖父母之间的平衡点。毕竟我们还是未成年人，有些事情我们的判断能力还达不到理想中的高度。独立不是让我们一意孤行，而是在接受父母的意见之后，再自己做最后的决定。

如果说儿童的自我意识近似于一张白纸，成年人的自我意识是一幅布局有序的彩图，那么，青少年时期的自我意识却像已经涂满了五颜六色的颜料，还是一幅无法辨认的水彩画草图。因此，青少年应该注意这个时期的心理变化过程，不要害怕长大，不要拒绝改变，只有这样我们才能慢慢地独立自主，只有这样，在将来的某一天我们才有能力做到自力更生。

§自己动手，丰衣足食

一个不安于平静生活而热衷探险的人，名叫鲁滨孙·克鲁索。他决意成为一名海员，周游世界。他于１６５９年登上了一艘由巴西开往非洲的船只，一天，一场可怕的风暴把船打得粉碎，鲁滨孙的朋友都死了，

唯有他一个人活了下来并安全到达了陆地。他发现自己在一个陌生、荒凉的国度，但却是一个人孤独的在一个小岛上，没有食物，没有船只，无路可逃。他凭着自己惊人的勇气和毅力，独自一人在岛上生活了27年，自己用双手搭建了房屋，种植了一些粮食作物，为自己做饭，饲养家禽，等等。后来在一个偶然的机会，来了一艘船，于是他借此机会回到了家。

这个故事告诉我们要学会独立，依靠自己，在没有任何人的帮助下可以独立生活，不依靠别人，只依靠自己的双手和大脑去创造美好、舒适的生活环境。独立，对于我们每一个人来说都很重要，总有一天，我们要离开父母、老师的身边，走向社会。社会中充满竞争，大家都要依靠自己独立的分析、判断能力和动手能力去赢得好的工作岗位。那时，父母已经没有能力跟得上社会前进的步伐了，为你在社会中生存的指点已经不能满足你的需要了；现在大多是独生子女，没有兄弟姐妹的帮助，周围的朋友也有自己的需要，他们自己总结出来的生活经验也不可能详细地告诉你，而且也不一定适合你。因此，只有依靠自己，学会独立自主地生活。

亲爱的青少年朋友，我们已经长大，相信我们每个人都不想永远躲在大人的影子里，而希望自己去开辟出一片新天地。生活是充满困难与挫折的，我们要学会凭借自己的力量去克服和战胜它们，养成独立自主地好习惯。我们不应该做温室里的花朵，要做冰天雪地里傲然绽放的梅花；我们不应该做笼中之鸟，要做展翅翱翔的雄鹰；我们不应该成为生长在绿荫下的小树，而要做暴风骤雨中毅然挺立的劲松。

青少年朋友要时刻记住一句话：依靠别人的干粮过日子，就得挨饿一辈子。依别人只能是暂时的，依自己才是终生的。因此一定要端正自己对自理能力的认识，注意对生活自理能力的培养。总之，自己动手，丰衣足食。

3 做好自己分内的事

在日常生活中，每个人都拥有自己的责任，都扮演着不同的角色，都有自己的位置，都会在自己的天空下展翅翱翔，创造价值。晚风凉如水，细雨洗清尘，原来夜也有如此清新美妙的一面。谁言败不常有，那繁星点点不都是阳光的弃儿吗？但它们依然闪烁。因为它们读懂了夜，学会了与夜同行，做好了自己分内的事，从而创造出无穷无尽的价值。在深邃的夜空，它们默默地闪烁就是向人们昭示着无穷的智慧，放射着长久的光辉。

大到宇宙小到飞扬着的尘埃与泥土，在大千世界里都起着举足轻重的作用，它们找到了适合自己的位置，并用自己的努力创造价值。泥土永远是微不足道的，可它却养育了无数的生命。它就好像一位慷慨的母亲，默默地承接着雨水，积蓄着养料，然后毫无保留地去哺育生长在它怀抱中的所有生物。不管是娇媚的玫瑰、牡丹，抑或是一株不起眼的无名小草，只要种子落到了泥土上，它都会尽心的去滋养，去哺育。泥土从来没有嫌弃过它生存的环境，不论在冰封的极地，还是在炎热的赤道；不管在肥沃的平原，还是在贫瘠的山巅，只要有泥土就有生命，但它们总是无怨无悔也丝毫不计较自己是否会得到回报。虽然它被万物踩在脚下，不被人重视，但平凡是它的外表，朴实是它的秉性，博大是它的胸怀，高贵是它的气质，奉献是它的精神。默默无闻的泥土在自己平凡的位置上同样创造出了奇迹般的价值，为人们奉献出一个斑斓多姿的世界。

生活中没有旁观者的席位，每个人都有适合于自己的位置，只有在自己的位置上做好自己分内的事，才能创造出无穷的价值。

§如何做好自己分内的事

在人生这个大舞台上，每个人都扮演着自己不同的角色，忙忙碌碌

地做着自己该做的事。对于青少年来说，最重要的就是学习，所以．每个青少年都要对自己的角色负责，无论是今天还是明天，唯有认真地对待，才不会留下难以弥补的遗憾。

那么，对于青少年来说，怎样做好自己分内的事呢？其实，很简单，就是要认真学习、刻苦钻研，遵守校纪校规，在学校的舞台上充分秀出自己的风采。

作为青少年，应当明白，没有规矩，不成方圆。学校规章制度建立并执行的目的不是限制自由、约束个性，而是为了维护正常的教育教学秩序，维护学生生活与学习的权益，并为安全提供保障，提高同学们守规守法的自觉性，这才是校纪校规的实际意义。事实上，一个没有纪律和规则约束的地方是绝对没有自由可言的。所以，你们的所作所为必须以遵纪守规为前提，不要盲目作为，否则必将为此付出代价。

一旦用自己的理性和知识真正理解和认同规则之后，那么规则和纪律就不再是一种来自外界的约束自己的枷锁，遵规守纪就不再是一种强迫的任务，它就变成一个利己的选择，一种道德的义务。这样，你就可以扮演好自己的学生角色，就可以让真正的自由在有纪律的秩序中，尽情发挥，让积极的个性在有规则的环境里得到张扬。

对于青少年来说，其主要目的是学习，只要衣冠整齐，干净就足够了，多放一些精力在学习上才是最重要的，根本没必要去最追求名牌服装、鞋等，更不应该存在攀比的心理，而且学生所消费的费用多数来自父母的腰包，所以就更应该理智的消费了，不能盲目地花钱，在以后的学习中还要积极参加一些公益的活动，提高自我实践能力，做一名全面发展的青少年。

§ 生活做好自己分内的事很重要

生活中做好自己分内的事很重要，只有真正地做好了自己分内的事，才能谈独立自主。在家里，青少年的角色是父母的子女，就有尊敬父母的责任，你做到了吗？在寝室，你的角色是室友，你有不打扰他人的责任，你做到了吗？作为值日生，你有认真完成值日工作的责任，你

做到了吗？作为班干部，你有管理班级纪律的责任，你做到了吗？

作为青少年，要常常扪心自问：我对得起自己吗？也许，现实生活的残酷让人觉得很无奈，有时你不得不戴着面具来跳舞。然而，窥探一个成功人的履迹，无一例外，他首先必须做好自己分内的事。“一屋不会扫”的人，自然也“扫不了天下”。所以，走进茂密的森林，你只要无愧地做了丛林中最挺拔的一棵；在波涛汹涌的大海面前，你只要无愧地把自己化作浪花里最纯净的一滴水珠；抬头仰望辽阔无边的蓝天，你只要毫无愧疚地让自己变为云层中最祥和的一朵……这样的人生便足够了。

曾几何时，少年时的理想，一点点褪色，现实让你们变得很无奈。然而，这就是生活，是成长的代价。的确，人生就像一个舞台，每个人都扮演着不同的角色。把自己的角色扮演好了，你的人生也就相对成功了。所以，每个学生都要忠于自己的角色。每个阶段，你都在扮演着不同的角色，每个角色都有它的喜怒哀乐，忠于你扮演的角色，享受角色里的一切，包括迷茫和痛苦；而一旦转换角色，就要尽快脱身，忠于现实。每一份角色的背后，都有它的意义，它的苦楚，它的瓶颈期。很好地读懂自己，扮演好属于自己并且有能力实现的角色，即使暂时或者很长一段时间你处于一个自己不喜欢或者超出自己能力的角色位置，也应该学着去适应和享受这个角色。

毕竟，在日常生活中，每个人要做好的分内的事不一定都是自己选定的、自己所喜欢的角色。但是，不管你喜不喜欢，你都需要无条件把它做好。可以说，做好自己分内的事很重要。譬如：公务员有做公务员的游戏规则，他们必须服从上级安排，搞好上传下达，做好本职工作；工人有做工人的游戏规则，他们必须按工艺流程生产，保证产品质量；农民有做农民的游戏规则，他们必须按季节耕种、收获，并做好农作物施肥、杀虫等；商人有商人的游戏规则，他们必须合法经营、照章纳税。如果你不遵守这些游戏规则，你就无法做好你该做的事，就无法体现出你的价值，也就无法体会生活的意义。所以，学会享受它的喜怒哀乐，时刻准备着蜕变吧！

4 培养自己的与人微笑

微笑是不幸生活的一帖良药，保持快乐的精神，用微笑去面对生活中的人和事物，面对平凡中的每一天，你就会发现生活的美好与真谛了

人生不如意事十之八九，在我们的学习和生活中，挫折与失意、痛苦与烦恼总是客观存在的，而且会产生这样那样的消极影响。特别是青春时期。消除这些影响的关键在于你们对待挫折的心态是否端正。如果总是认为命运不公，整日怨天尤人，那么生活就会淡然无光，甚至在哀怨愤懑或浑浑噩噩中耗费时光。如果你们能始终保持着微笑去面对生活，那么很多困难就会迎刃而解，迎来一个灿烂的明天。

§ 微笑，生活的力量

司丹·只德是某证券交易所的会员，他靠买卖证券谋生。这是个令人紧张的行业，司丹说，他结婚１８多年以来，从起床到出门办事，很难对妻子微笑，或说上三五句话。他说他是在百老汇街上行走的一个脾气最坏的人。他是卡耐基学员中的其中一个。他自己讲述说："参加卡耐基微笑课程后，因为要完成一个作业，对微笑的经验做一次演习准备，我想我就试一个星期看看。"

"次日早上，我看着镜子中的沉闷面孔，对自己说，司丹，你今天要一扫你的愁容，你要微笑，从现在开始。吃早餐时，我向妻子招呼说：亲爱的，早。我说的时候微笑着。"

"卡耐基曾提示我，她或许会惊讶。可这对她反应的估计太低了，她简直迷惑了、惊呆了。我告诉她，这个将成为日常的事情。""我这样改变态度已有两个月，这两个月中，我们家庭所得的快乐，比去年一年中所有的还多。”“我不仅在家里尝试使用微笑，在路上，在办公的地方，在工作中遇到人时都试着微笑。不久我发觉，人人都反过来对我也微笑。我觉得在调解矛盾时采用微笑要容易成功得多。我觉得微笑每天都带给我许多财富。”“有一个同办公室的年轻人说，他当初认识我时，以为我是个可怕的坏脾气的人，现在他改变了看法，他说我微笑的时候真慈祥。”

“我学会了保持微笑，这改变了我的人生。现在，不但我自己快乐，也给别人带来快乐，因而我的生意也越来越好。”

人的一生微笑也是一辈子，痛苦也是一辈子。在与人处事时，保持一种乐观的态度，学会真诚地与人微笑是一门人生的艺术。

用微笑去面对打击，若干时间后，青春时期的你就会发现原来没什么过不去的坎坷，一切是那么的简单而明了。如果总是叹息自己的命不好，埋怨命运对自己的不公平，那么生活便会加倍的报复你，而你的生活就会真的越来越狭窄了。其实外来的一切并不可怕，也无法完全打倒我们，但压力与绝望来自内心，而自己又无力去扼住命运的咽喉，那才是真正的危险。如果是这种情况，恐怕上帝都无能为力了。正如医生告诉患了绝症的病人日子不多了，那就只有向上帝去乞求宽恕了。

上帝给了我们两条蛾眉月，一双眯成线的眼睛，和稍稍向上翘起的嘴巴，组成了“微笑”，就是希望我们用微笑面对生活。没有嫣然绽放的花蕾，便没有四季可人的温馨；没有潺潺流过心田的微笑，便没有人生的洒脱。微笑是蕴含着一种振作，一种成熟，一种坚强，一种超越的魅力，只要我们微笑着面对生活，生活也会向我们微笑的。

在茫茫的宇宙中，无论从时间上还是空间上看，人都是沧海一粟，极其渺小的，即使你才高八斗，学富五车，即使你重权在握，位高职倾，即使你日进斗金，财如江河……有什么人事能剥夺你的快乐呢？只要真正认识到人的渺小和局限，我们就不会因为困难挫折而难为我们自己去妄自伤悲。人赤裸裸地来，又赤裸裸地去，没有什么不可放松的事，没有不可摆脱的利害得失的思想负担。只要我们尽力去做了，我们就可以笑对人生。在认识人的渺小与局限的同时，我们还要认识人的伟大与神奇。人间万物生灵，有目的，有创造性，可以改造世界。人类长

期的创造劳动，才使得我们生活的世界千姿百态、丰富多彩，我们要为人的伟大而欢笑。认识渺小和伟大这两个极端，我们就可以在任何情况下，包括最困难的情况下展露我们真诚而温馨的笑容。

培养微笑是件简单的事情，但把微笑落到实处，就会得到不简单的收获。让我们把微笑永远挂在脸上，把微笑面对每一个人渐渐地变成一种习惯。世人说："一个好的习惯可以成全一个人一生的幸福。"既然如此，我们要微笑地生活，快乐地学习，享受微笑带给我们的无穷的信心与力量。

§ 学会时刻与人微笑

一家餐馆刚开业生意一直不是很好，这个餐馆的老板一直都在为自己的生意而头疼。这时一个经济策划人来了，他给这个老板提出了一个建议，说："你们餐馆的生意不好，是因为你们每一个人都不能很好地对待客人，客人来你的餐馆是享受的服务，不是你们的冷眼相待。"此时，老板观察了下自己的员工，发现员工的表现正如那个策划人所说的，每一个员工都是垂头丧气的，没有一点精神。于是他让自己的员工就每天适当地缩短了上班的时间，合理地进行了轮班制度。并且要求每一个员工在每天都对镜子多照照，保持好自己的微笑再上班。没过多久，餐馆的生意果然有了好转。

微笑是幸福的来源，是幸福的先导，是幸福的前提。微笑是人类宝贵的财富，是自信的标志，是礼貌的表现，是沟通人际关系的法宝。每一个出色的电视节目主持人、公关人员、售货员、政工干部，都具有保持微笑的本领。微笑是人与人之间最短的距离。

微笑是维持人际网脉一种很神秘的东西，个人维持的好坏就是这样的，无可非议，微笑能带给人们无穷的生活快乐。

曾有人这样说道："什么东西碰出来会弹回来——乒乓球、仇恨、微笑。"每天出门时，保持微笑，别忘了对你的家人说声简单的再见；你在路上遇见一个陌生人，保持微笑，你会收获一个来自陌生人的祝福；给帮助你的人一个衷心感激的微笑，给那些不幸的弱者一个真心鼓励的

微笑。给镜子中的自己一个微笑，自己给自己回赠了一个微笑。给生活一个微笑，生活回赠我一个微笑，给人们一个微笑，人们回赠我一个微笑。微笑是相互的，幸福是共有的。微笑有了，幸福也就有了。正如苏格拉底所说：“在这个世界上，除了阳光、空气、水和笑容，我们还需要什么呢？”

生活中，不管发生了多大的困难，青少年都要保持着微笑，平和的心态去面对，这是最好的方法和态度。记住，假如我们转身面向阳光，身子就不可能陷在黑暗的阴影里。

生活的烦恼犹如灰尘，无处不在，你们的心要常常保持快乐，不必把人与人之间的琐事当成是非。有些人常常痛苦而烦恼，别人一句无意的话，他却以为有意并积怨于心，实际上这完全是没有必要的。

向生活微笑，学会时刻与人微笑，即便自己的心情再差，也要保持一种乐观的心态去面对自己周围的人和事情。学会微笑，就是以善良诚意和身边的每个人交往。你向别人微笑，别人也会报之以微笑。生活中，如果每个人都开满花朵一样的微笑，那么肯定是最美好的生活。一个自始至终微笑的人，他的人生肯定是最美丽的。一个简单的面部表情，一丝淡淡的微笑，会给他人带来一份温馨，一份感动；青少年朋友们，学会给自己带来一份好的心情，拥有一份坦然；给他人一份微笑，就会给自己一份舒心；给他人一份微笑，就会给自己一份阳光。那么让自己保持微笑，面对生活，珍惜每一天吧！

5 给自己一个周密的计划

计划，是人生开始的第一步。人们无论做任何事情都是要有一个详细的计划，才能得以去实现的。对于任何人来说，每一个有每一个人的计划。工程师有自己工程的计划；商人有商人的生意上的打算；老师有老师的教学计划。那么，青少年也要有自己的学习计划。计划中学时代的自己，锻炼独立的性格，将有利于改善自己的学习生活。

§人生，计划之根本

从前有一个业务员。他是个刚毕业的学生，但是他为了自己的工作而不得不放下自己的研究生的身价去做饮料业务。经理这周订的任务是每一个人要完成50件饮料。公司的很多业务员都觉得经理的任务太重，不情愿去做。但是这位研究生却没有，而且他给自己订的计划就是一天去跑完10件，心中有了个理念：自己完不成10件就不能去睡觉。于是，他按照自己的计划实施了。第一天，他除了完成10件后，又额外地完成了30件。就这样做了一周。没想到的却是，他这周的业绩量却是230件。最后受到了经理的奖赏。

人生也许就是如此，只要心中有一个周密的计划，那么你的工作或是学习一定是能顺利完成的。就像这个业务员。他给自己有了个周密的完成计划，计划自己的工作是将去如何对待，那样自己的决策就开始实施。做事情就容易成功。相反，如果你没有给自己一个完成的计划，那么，你所做的任何事情都是无从下手的，事情也是不合逻辑性的。

人生道路的决定往往取决于最为关键的几步，学习可谓是最为关键的阶段，而决定学习成败的主要因素就在于：学习过程中知识的积累和吸收。如何能更好地学习也成了众多学子们的心结所在。事实上，学习也可以称为一门学问。其学问在于去如何高效地学习？如何调整好学习状态？如何在有限的时间里发挥最大的潜能？这都是值得关注的。而制订一个周密的学习计划，则是最好的、最有效的学习方法。

§制订学习计划，学会独立决策

王强是班级里学习最好的学生，他的成绩在班上一直名列前茅。但是很多学生都想不通为什么王强会学习那么好呢？

一次，一个学生因为好奇打开了王强的抽屉，原来里面全是一个个的纸条贴在书本上。比如，当他翻开了第9页的数学题时，发现上面写着：此题还有一个相似的例子，多练习几遍公式。

最后，消息传开了，同学们终于知道了王强学习好的秘诀了。

高尔基说：“不知道明天该做什么的人是不幸的。”有部分学生对待学习毫无计划可言，他们认为，学校有教学计划，老师有教学计划，自己只要跟着老师走，什么事都照办就行了。这种“脚踩西瓜皮，滑到哪里算哪里”的学习态度，是不可取的。要知道，学校和老师的教学计划是针对全体学生来安排的，每个学生的学习进度和学习能力不同，所以，制订一个针对自己的学习计划是十分有必要的。

对中学生来说，有一个确切的学习计划，要比无学习计划要好得多，其利处是：

学习目标明确。学习计划就是在某个时间段采取什么方法或是行动来达到学习目标的一个形式表。有计划的学习，学生自己能明了什么时间做什么事，短时间内就能达到一一个小目标，长时间内达到一个大目标。按计划来学习，在长短计划的指导下，使学习能一步步由小成功跨向大成功。

学习任务的有序进行。有了一个明确的计划后，就可以有条不紊地进行学习安排。在一定的时间内，对照学习计划来检查自己的学习进度，可以明确自己学习方法的优缺点，做到优点继续发扬，缺点努力改进，让学习一直处于上升趋势。

有利于养成良好的学习习惯。有意识地按学习计划学习，久而久之，便会养成良好的学习习惯。习惯养成后，就有利于锻炼克服惰性、克服困难的精神，无论碰到什么困难都能按计划完成学习，达到规定的学习目标。

提升计划能力。这种有条理的学习、休息，养成生活习惯后，就会对生活中的小事做到有计划的安排，这样不只是对于学习，对于任何事都能进行有条理的计划安排。这种能力对一个人的一生都有很大的益处。

另外，在制订学习计划时要注意周密性。其周密性主要是目标明确性，可行性和具体。

明确性是指计划的学习目标要便于对照和检查。如：“以后要努力学习，争取获取好成绩。”但是，如何努力？考第一名要付出多少努力？

哪方面要多用点心？这些都不明确。如果改为：“语文数学要认真复习，英语成绩争取考到全班前五名。”这样目标就明确多了，以后是否能达到就有标准可检验了

可行性是指对于学习目标的度的把握。学习计划的目标定得过低了，不费吹灰之力就能做到，这不利于自己潜能的开发和学习的进步提高。过高了，自己能力有限，最终不能达到高高在上的标准，这样很容易让人失去自信心，最后让计划成为一纸空文。所以，制订计划时，要根据自己的实际情况出发，制订一个通过努力能达到的目标。

具体是指目标便于实现。如何才能达到“英语成绩在全班考到前五名”呢？可以具体化为：每天早上提前半小时起床背20个单词，晚上做1 0道复习题，这样单词和语法有没有掌握就有了检查方法，这样有利于计划的改进和更完善化。

只有做到了周密的计划，才能在实践中不断地强化自我，锻炼自己的独立决策的能力。学习上才能有动力。青少年朋友们，给自己一个完善的、周密的计划吧，那样你的学习生活将会是丰富多彩的。

第五章

培养独立决策能力，增添人生魄力

独立思考与决策是工作与学习的需要，更是成功必不可少的秘密武器。生活中，对于青少年来说，学习是第一天职。若能够以自立为前提而进行学习，那么他必将会得到一种比较好的学习效果。从某种程度而言，自立能够促使青少年把其更多的精力投入到某一方面，如果他们能够把大量的精力调整到学习上，那么，其就会在此方面比他人多出一些胜算的筹码。

1 在学习中提升自我

埃里克·霍弗将军说：“没有哪个人可以永远独占鳌头，在瞬息万变的世界里头，唯有虚心学习的人才能够决策自己的人生未来。”学习是人生中占有很大作用的事情。学习能够使人培养自我的独立决策的能力，获得巨大的精神财富和强大的力量，可以使人的生活充满阳光，帮人走出困境，通向成功。然而学习是一条漫长的道路，更是无止境的。

中学时代，是学习行万里路的开端，是打基础的重要时期，摆正学习的心态和心理素质对于未来的人生有着很大的作用与影响力。在学习中不断地提升自我，完善自我，是学生时应有的态度、工作中应有的态度，更是人生应有的态度。

§培养独立地去学习

南宋诗人陆游从小学习很独立，善于观察事物，活跃自己的思维，刻苦学习。妈妈看到自己的儿子学习很努力，劝他不要那么刻苦读书，应该像别的孩子那样有一个很顽皮的童年。但是他说道：“自己的学习是为了成为人间有才的人。”于是他一头钻在书堆里，把自己的学习看成自己的人生，在他的房子里，桌子上到处都是书，柜中也装的是书，床上也是书，被他称作自己的书巢。他很勤于写作，一生留下了九千多首诗，最后成了我国历史上一位著名的大文学家。

陆游就是在学习中看到了自我的价值，学会自己去独立地学习。学习不是为了私欲，而是为了提升自己在人生中的能力。

成功并不等于是永久的成功，一次的成功也许就失去了其失败意义，要在不断地学习中寻求自我的价值，必须学会独立地学习。

善于自我学习，自我超越的人，才会时刻学到自己的缺陷与能力的不足，才能不断地完善自我，向成功迈进。而已经成功的人也不能就此停止为自己“充电”，否则终有一天会被后来涌上来的追求成功的强者所打败。当别人在学习，在提高。的时候，自己绝对不可松懈。

当贝多芬得知自己患上耳疾时，并没有过多地在意，他认为只是小毛病，慢慢地就会好了。可是没想到，他的耳疾不仅没有好转，却愈加严重起来。结果在1819年，他彻底丧失了听觉，这对于一个热爱音乐，以音乐为梦想，为终身事业的人来说是多么大的打击。贝多芬的心彻底碎了。这就好像是攀岩时重新被打回了起点，甚至是深渊，当开始就已与竞争者拉开了距离。

然而，他并没有因命运的严酷打击而就此颓废，他选择了从痛苦与折磨中重新站起来去学习音乐，努力完成自己的音乐。提升自己的艺术价值。因为他知道，自己现在的竞争对手已经不再是别人，而是自己。只有战胜自己，改变自己，提升自己才能再次攀登高峰。他的心又重新倒在了希望和坚强这边，他发誓说：“我要向命运挑战！我要扼住命运的咽喉，不让它毁灭！”从此，他努力适应着没有声音的生活，努力编写乐曲，为不幸的命运奋力反驳。

他终于成功了，他在受着无声世界的巨大煎熬下，战胜了病痛，在学习和创作中完成了大量令人赞不绝口的交响乐，以及其他一些音乐作品，成了一位举世闻名的大音乐家和作曲家。当他领导着自己的乐队在舞台上演奏着自己创作的乐曲时，他心中无比的激动。演奏结束，他看到了会场轰动的气氛，他虽然听不到，但是他可以用心去感受那震耳欲聋的掌声。

虽然不是人人都会遇到像贝多芬这样痛苦的遭遇，但就是因为有太多的四肢健全，享受安乐的人，因生活的安逸而忘记了学习，忽略了学习是时时刻刻的事，是一辈子的事。贝多芬成功了，他用不断学习，不断超越自我的心战胜了自己，也战胜了其他人，他比曾经与他一起攀岩的人更早地到达了顶峰。可以说，正是因为这场突如其来的噩耗，让他迸发出了惊人的潜藏了许久的意志力、奋斗力，发掘了自己的才能。其实，学习的过程就是一个发掘的过程。人的身体之所以保持健康活泼，是因为人体的血液时刻在更新，人生也一样，学习也是如此。

青少年们只有不断地从学习中吸收新思想，不断地提升自己的独立决策能力，才能够在学习中获得不断改进的方法。困境帮你迸发激情，而当你没有困境的时候，你应该觉得庆幸，站在比别人高的起点，就要努力得到比别人更高的成就。

§不断提升自我价值

李晟的父亲是一员威武的大将，李晟希望自己能长大成为父亲一样的人。可是，父亲因为疼爱自己的儿子，却总是说他年纪小，不能习武。

李晟后来不听父亲的劝说，决定自己从现在就开始学习练箭。终于练成了百发百中的神箭手，最后让自己的父亲刮目相看。

李晟的做法是正确的。他按照自己的行事原则去办事，独立地决定自己的前途，把自己所应该去追寻的铭记在心。主动在学习中提升了自己的价值，让父亲也改变了对他的看法。

如果一个人在发展，他就具有学习的能力；如果停止发展，他就失去了培养自己能力的价值。从呱呱坠地起，人就开始了学习，无休止的学习，直到生命的终结，人生就是一个不断学习的过程。

中学时代是一个黄金学习时代。如果说人生的终极目标就是建一幢高楼大厦，那地基就要从学生时代开始打。要知道，地基对于一幢房子或是建筑的重要性，地基打不好，不论在上面盖什么都不会结实，也无法长久。“思而不学则罔，学而不思则殆”，学问是没有止境的，人生本来就犹如一张白纸，只有不断地学习，不断地提升自己，才不会被社会所淘汰，才能把这张白纸写满密密麻麻的字体。不要等到走出校园，步入社会后才发现原来你所知道的和所学的都只不过是沧海一粟。

所以应该趁着大好年华在不断的学习中提升自己，不要满足现状，停滞不前，只有不断地为自己充电，你才有资格走在队伍的前列，才能更好地在社会立足，可能当别人还在摇摇晃晃，慌乱“补课”时，你已经坐在了成功的交椅上。

现在的时代是一个变革的时代，从学生时代开始就要有危机意识与竞争意识。在整个世界都在变革的大环境下，主动应变胜于被迫改变，这样才能在激烈的竞争中立于不败之地。不断提高自我价值才能提高生活质量与人生的价值，而学习永远是提升自己最行之有效的方法之一。学习是为了不断提升自己的心态意识，不断增加自己的知识，不断强化自己的各种能力，不断给自己的大脑充电。如果你停止了学习，停止了为自己充电，你就会很快"没电"，而后被社会所淘汰。特别是在网络信息技术日益升温的今天，无论在何时何地，每一个人都不要忘记给自己充电。俗话说：三人行，必有我师，向身边的每一个人学习，去学习他们的长处来补足自己，时刻提高，步步为"赢"。生命也会就此掌握在你的手中。

2 学会正确的学习方法

周恩来总理曾说过："加紧学习，就要抓住中心，宁静勿杂，宁专勿多。"

学习绝不是简单地将信息塞人头脑，而是需要掌握不同学科的学习方法，而好的学习方法使你事半功倍，不良的学习方法使你事倍功半，因此学习一定要掌握正确的方法。但是学习方法应该是因人而异的，不是每一个都能够接受同一种学习方法的，对于青少年来说，选择一种非常适合自己的学习方法，不仅能够让自己的学习成绩很快的提高一个层次，更重要的是能在好的学习方法中找到学习乐趣，从而游刃有余的驾驭学习。

§学习，重方法

曾经有一位身体很健壮、脸上满是皱纹的老人，年龄已经有60多

岁了，在苏联的科学院的讲台上，向观众做一个记忆数字的表演。老人对着一位自愿帮助测验的观众说："你可以在黑板上随意写什么数字。"自愿的人将一长串长达40多位的数字都写在了黑板上，然后就将黑板转过去。老人显得很安静、眼不眨一下，2秒钟后便一字不差地把所有写的数字全都报了出来。观众当场都愣住了。原来下面的观众都是专家。

透过这个事例可以看出，学习的方法是多么重要。一般人都无法去完成的事情，但是这位60多岁的老人确实是做到了，而且是十分准确地表达出来了。

这位老人就是整天善于去运用学习的技巧，并在心里面默默地记忆。那么日子长了，这种学习方法就会逐日增强，记忆力就明显地提高了。

这就说明了学习不仅要独立地进行，还要有正确的学习方法。也就是，如果你把学习当作了人生的航船，掌握独到的学习技巧，那么正确的学习方法就是帆船上的方向和指南针。

培养自己的独立学习的能力，决策好自己的学习，把握自己的学习方法。科学去记忆、学习。对于青少年来说，学习是一个由浅入深，循序渐进的过程。这个过程有困难也有收获，有苦恼也有喜悦，包含着许多丰富多彩的内容。不管怎样，满意的学习效果无不来源于科学的学习方法。因为明确的学习目的是学习成功的前提；浓厚的学习兴趣是学习成功的动力；正确的学习方法才是学习成功的保证。

古今中外的无数事实已经证明：科学的学习方法将使学习者的才能得到充分的发挥、越学越有自己的主见，人生就越美好。爱因斯坦总结自己获得伟大成就的公式是：W= X+Y+Z。并解释W代表成功，X代表刻苦努力，Y代表方法正确，Z代表独立完成。有良好的学习能力、浓厚的学习兴趣、积极的学习情感、意志和态度，是学习成功的必要条件，而掌握科学的学习方法是取得成功的不二法门。

学习有法，而无定法。凡会学习者，学习得法，则事半功倍，凡不得法者，则事倍功半。青少年应该都能找到一套适合自己的学习方法，

然后才能在未来的学习道路上前进更快。

如果掌握好了正确的学习方法，就会给广大青少年带来高效率和乐趣，从而节省大量的时间，培养了自己的独立能力。而不得法的学习方法，会阻碍才能的发挥，限制了个人的独立意识的发展，给青少年带来学习的低效率和烦恼。由此可见，方法在获得成功中占有十分重要的地位。

§掌握好的方法，让你独立能力更强

在数学的考试中，一次，老师出了一道关于路程方面的数学应用题。很多的学生不会做，但是其中的一个学生却会做。

于是，老师问了这个学生，学生说： “路程不还是人走出来的吗？所以我是用尺子来标识了这段路的长度。然后根据人们日常的走路来做就轻而易举了。”

这下老师才恍然大悟，原来这个学生想到了走路。

从这个问题中可以看出，方法是靠自己去掌握的。好的学习方法其实大多来自生活中的点点滴滴。每一个青少年都想获得一种适合自己的学习方法，那么究竟怎样才是正确的学习方法呢？我国古代伟大的教育家孔子，在学习方法上他主张“学而时习之”， “温故而知新”， “学而不思则罔，思而不学则殆” 。这些学习的方法是值得我们借鉴的。但不论怎么样，正确的学习方法应该遵循以下几个原则：循序渐进、熟读精思、自求自得、博约结合、知行统一。这才是最正确、最科学的。

第一，懂得循序渐进。也就是要系统而有步骤地进行学习。它要求人们应注重基础，切忌好高骛远，急于求成。而这种循序渐进的原则主要体现为：一定要先打好基础，还要做到由易到难，更重要的是应该量力而行。

第二，应该熟读精思。也就是要根据记忆和理解的辩证关系，把记忆与理解紧密结合起来，两者不可偏废。因为在学习的过程中，谁都知道，记忆与理解是密切联系、相辅相成的。这一点是很重要的。

第三，独立求得。就是要充分发挥学习的主动性和积极性，尽可能挖掘自我内在的学习潜力，培养和提高自己的独立能力、自学能力。对于青少年来说，切不可为读书而读书，而是应该把所学的知识加以消化吸收，变成自己的东西。

第四，博约结合。众所周知，博与约的关系是在博的基础上去约，在约的指导下去博，博约结合，相互促进。坚持博约结合，一是要广泛阅读。

第五，知行统一。就是要根据认识与实践的辩证关系，把学习和实践结合起来，切忌学而不用。知行统一要注重实践，一是要善于在实践中学习，边实践、边学习、边积累。二是躬行实践，即把学习得来的知识，用在实际工作中，解决实际问题。

对于青少年来说，学习有法，而事半功倍。法国大生理学家贝尔纳说："良好的学习方法能使我们更好地发挥运用天赋的才能，而笨拙的方法则可能阻碍才能的发挥。"

总而言之，培养自己独立完成学习的能力，掌握正确的学习方法，让自己形成一套行之有效的学习方法，它是青少年朋友不断成功的基础，也将能很好地增强人生光彩的。

3 凡事要有主见

在我们身边常发生这样的事，有些人看到别人精美的笔记本或漂亮的衣裳，就忘了自己拥有的，还是去买。别人买什么，自己也买什么；别人干什么，自己也干什么，毫无自己的主见，这是不值得我们学习的。相反，我们要引以为戒，告诫自己不要有这样的习惯和毛病。

人要有主见，尤其是青少年朋友们，不管做什么事情，都要学会自己支配自己，不要让别人牵着你的鼻子走。如果失去了主见，就会像那拉磨的驴一样，只知道绕着石磨不停地转呀，只能受别人的支配，我们

是人，是有想象有灵魂的人，而不是那只会照着人们的驱使才劳动的动物。人如果没有自己的主见，那跟动物又有什么区别呢？

§做个有主见的人

两只猴子在河中抓鱼，它们抓到了一条鱼，但不知道该怎么分才好，为此争执不休。在这个时候，恰好河边有一只野狗在散步，于是，这两只猴子就跑到野狗身边，问它这条鱼应该是怎样一个分法。

野狗转了一转眼睛，对它们俩说："我可以告诉你们该怎么分，但不过你们俩要完全听我的才行。"两只猴子顺从地点了点头。野狗说："能分三份。在此之前我问你们一个问题，你们谁喜欢到浅水中去？"一只猴子说："我愿去。"野狗继续问："谁愿到深水中去？"另一只猴子说："我愿意。"

野狗说："既然如此，我告诉你们答案：喜欢浅水的该分得鱼尾，喜欢深水的该分得鱼头，中间的一段，自然该分给知道如何分的我了。"

这个故事的寓意是很明显的，它告诉我们：凡事要有自己的主见，别人的花言巧语不可相信。

任何事情都要有自己的主见，这是一个众所周知的道理。但是对于生活中的我们来说，真正能做到事事都有自己的主见，并不是一件很容易的事。

对某些方面，如果一个人不了解的话，或对自己的能力缺乏自信的时候，就很难会有自己的主见，并且在这个时候很容易被他人之见左右。别人高明的见解，可以为你开启心智，让你行之受益，古往今来，听从他人的意见成就大事的人确实存在，但如果他人的意见只是不负责任地乱参谋、瞎建议，或是糊涂之见，则会有相反的效果。

主见是人生的支柱，主见来自广博的知识、丰富的经历、勤于思索的头脑。在社会中，我们每个人遇事都应该有自己的主见，没有主见的人，就像是墙头的芦苇一样，风吹两边倒，随波逐流，非常容易迷失方向。而有主见的人恰恰与之相反，好似山中松柏，咬定青山不放松，任你东西南北风，都岿然不动。

生活中，如果你并没有做错什么的话，那么你就坚持继续走下去，不要理会别人的讥讽与指责。但是，如果你知道一些事情不应该做，那么任凭别人如何纵容、引诱，也不违心从之，这就是主见的作用。只有做个有主见的人，你才会拥有一个无怨无悔的人生。

§走自己的路，让别人说去吧

从前，一个老翁和一个孩子用驴驮着货物上街去卖。货物卖完后，孩子骑着驴回来，老翁跟着走。路上遇到两个妇女，她们说："这个孩子太不像话，自己年纪轻轻骑着驴，却让一个老人在地上跑。"老爷爷连忙叫孙子下来，自己骑上去。又走了不远，一个孩子看见了，很生气地说："没见过这样的爷爷，自己骑驴，让孙子跟在他后边跑。"于是老人把孙子也抱上了驴，迎面走来一个中年人。他自言自语地说："两个人骑一头小驴，快把驴压死了！"两人听了，又一起下来，和孙子一同走。他们来到北村，几个种菜的看见了，说："有驴不骑，多笨哪！"老爷爷摸摸脑袋，看看孙子，不知道怎么做才好。最后，爷孙俩找了一根大木棒，把驴的四脚绑起来，吭哧吭哧抬到了家里。

人言可畏，人言更需要鉴别。做人、做事都要充分相信自己，不要因为别人的议论而轻易怀疑自己、否定自己，别人的意见只能作为参考，人人的话都听，我们将无所适从。就拿前面的寓言来说，那位老翁和孩子最后弄得左右不是，显然是受人议论的影响，但根本原因还是自己太无主见。看问题的角度有所不同，出来的结果就有差异。爷孙俩做出任何选择，在有些人的眼中都是错的，做也错，不做也错。其实，只要自己认为是对的、效果是好的、过程是开心的、结果是满意的，就根本没必要太在意别人的看法。最了解自己的人还是自己，旁人看到的只是一个片段或表象，没有一个人能完全的了解别人，他们仅仅是根据自己所见的及不全面状况，说出自己的意见而已。如果我们太在意的话，只会破坏自己的心情，影响自己的决定。到头来，在别人心目中，所做的还是错的。

青少年朋友们，虽然为了自己的辉煌的人生需要奋斗，为了生活幸

福应该进取，趁年轻时在大潮中去闯一下、拼一番、搏一回，这无可厚非；但是做什么事，都要有自己的见解，应该量才而行、量财而行、量力而行，也就是说要实事求是。有无主见的人是大不一样的，有主见的人，就会用头脑去冷静地思考眼下旋过的风、前面涌来的潮、身旁升起的热；有主见的人，就会理智地综合自己的智慧、衡量自己的才华、应用自己的财力，最大限度地利用自身的诸多条件；有主见的人，更会全身心地投入，严密周到地行动，不会为眼前身边不停地掀起的热潮急风所诱惑、所分心，而乱了阵脚。

同样，有主见的人也不会因为一时的挫折而放弃自己奋斗的目标。有些年轻人把挣钱作为“下海”的唯一目的，当发觉钱拿得不如“铁饭碗”多时，又否定了自己的选择，对在潮头拼搏所学到的许多宝贵的经验视而不见，只想一心再跳回岸上，这无疑又是一种缺少主见的表现。

事实证明，主见是我们每一位青少年朋友所不可缺少的素质，它是一位导师，在人生的十字路口和关键时刻指点迷津。

我们每个人都在追求成功。但是，如果一味地否定自己，怀疑自己，放弃自己，只能是跟在别人的后面。只有充满自信地活出自我，保持自我的本色，才能在生命的管弦乐中演奏好自己的乐曲，才能实现生命的成功。一个人不能永远地活在别人的评价当中，像变色龙一样，跟着别人的看法不断地变化自己，让别人左右自己的人生与思想，那样只能在生活中渐渐地迷失自己。只有相信自己，靠自己才能撑起头顶的一片天。相信自己能行，你就一定就能行。事情往往就是这样，如果连你自己都不相信自己，那又怎么会成功呢？只有充满自信的人生，才是充实的人生，才是成功的人生，你才能获得比梦想还要多的成就。任何时候都要相信自己，因为只有这样，你才能征服世界！所以，不论做什么事情，一定要具备“凡事要有主见”这样一种素质，要记得做自己的事，不要太在乎别人的看法。

4 需要的时候学会拒绝

你是不是有这样的经历，明明想对他说“不”，却活生生地把这个字吞到肚子里，回家后又越想越不对劲，“当时怎么不拒绝他的”，“我怎么这么没用，不敢说出真心话”，你深深自责不已、悔不当初，最后陷入不安与沮丧中，久久无法释怀。怎么会这样？因为我们不想得罪人！

拒绝其实是一种权利，就像生存是一种权利。古人说，有所不为才能有所为。这个“不为”，就是拒绝。人们常常以为拒绝是一种迫不得已的防卫，殊不知它更是一种主动的选择。

纵观我们的一生，选择拒绝的机会，实在比选择赞成的机会要多得多。因为生命属于我们只有一次，要用唯一的生命成就一种事业，就需在千百条道路中寻觅仅有的花径。我们确定了“一”，就拒绝了九百九十九。拒绝如影随形，是我们一生不可拒绝的密友。

§ 说“不”需要勇气和智慧

张总是一位香港公司的大经理，小珍是他的一位中学同学，他们差不多有二十五年没见面了，这年她儿子大专毕业，求他安排工作。正好合肥市的一个招商团来香港招商，张总跟他们谈项目，请他们吃饭。饭后，他把那个孩子的简历递给了招商团的秘书。很快，那个孩子被安排到市政府。同时这个秘书提出了：我儿子也刚刚毕业，能否安排到你的香港公司呢？显然这是一件不可能的事情，来香港也就没那么般的容易。

不久之后，小珍就打来了电话，她说道：“你要尽可能的快想尽一切办法帮秘书的儿子去香港吧，否则的话，我儿子就要下岗了。胡秘书

依然天天逼我的儿子。”

张总的妻子说到这样一句话：“你欠那么多人情吗？别管，让他们自己搞定。大学毕业就应该自己闯天下，去人才市场竞争。另外若要通过一个不正当的手段安排无能之人，对其他大学毕业生而言，显然一点也不公平。”

张总还好，记住了这一次的教训，以后不再介绍一些毕业生了。然而到春节回家的时候，始终都不敢去见小珍。

说“不”的时候需要智慧，当然还需要真诚、坦荡和勇气。成功人士表面上是非常的潇洒，事实上，他们内心的烦躁却非常多。其最令人头痛的事莫过于不好意思拒绝别人的一些请求之类的。

其实，对于一个40多岁的成功人士，手中掌握着较大的权力，却还处在“行使权力”和“表现权力”的热情中，往往是对部下和妻子说了太多的“不”，而对朋友和兄弟说了太多的“好”。学会正确地说“不”不是一件容易的事，尤其是对上级、对父母、对同学、对故乡。说“不”时，当然更需要有点智慧、真诚、坦荡和勇气。

不敢说“不”的人常常是缺乏实力。也许他们害怕不顺着对方的意思，那么自己肯定会吃亏的，岂知越想讨好所有人，可能最后一个好也讨不了，因为没有人珍视他的“好”，却要加倍地责备他的不周到。越是想对得起每一个人，越可能对不起人，因为精力、时间、财力有限，不可能处处顾及周详，结果虽然帮了别人，却没帮好，还是对不起人，就算拼了这把老命还应付了所有人，至少他还是对不住自己。

因此，对于青少年而言，当你的能力有限时，别人也无法得到你的帮助，一定不要勉强自己，你应该学会说一一声“不”，学会拒绝。说“不”不是不近人情，不是自私冷酷。所谓“长痛不如短痛”，你既然无力帮助，如果过于勉强，弄不好反而会耽误了别人重新获取有效帮助的机会，因此倒不如事前让对方知道你的苦衷，让他可以另请高明。

§ 拒绝是一种权利

我们无时无刻不是生活在拒绝之中，它出现的频率，远比我们想象得频繁。你穿起红色的衣服，就是拒绝了红色以外所有的衣服。

你今天上午选择了读书，就是拒绝了唱歌跳舞，拒绝了参观旅游，拒绝了与朋友的聊天，拒绝了和对手的谈判……拒绝了支配这段时间的其他种种可能。

你的午餐是馒头和炒菜，你的胃就等于庄严宣布同米饭、饺子、馅饼和各式各样的煲汤绝缘。无论你怎样逼迫它也是枉然，因为它容积有限。

你选择了律师这个职业，毫无疑问就等于拒绝了建筑师的头衔。也许一个世纪以前，同一块土地还可套种，精力过人的智慧者还可多方向出击，游刃有余。随着现代社会的发展，任何一行都需从业者的全力以赴，除非你天分极高，否则兼做的最大可能性，是在两条战线功败垂成。

你认定了一个男人或是一个女人为终身伴侣，就斩钉截铁地拒绝了这世界上数以亿计的男人或女人，也许他们更坚毅更美丽，但拒绝就是取消，拒绝就是否决，拒绝使你一劳永逸，拒绝让你义无反顾，拒绝在给予你自由的同时，取缔了你更多的自由。拒绝是一条单航道，你开启了闸门，江河就奔涌而去，无法回头。

拒绝如此重要，我们在拒绝中成长和奋进。如果你不会拒绝，你就无法成功地跨越生命。拒绝的实质是一种否定性的选择。

拒绝的时候，我们往往显得过于匆忙。于是我们本能地惧怕拒绝。我们在无数应该说“不”的场合沉默，我们在理应拒绝的时刻延宕不决。我们推迟拒绝的那一刻，梦想拒绝的冰冷体积，会随着时光的流逝逐渐缩小以至消失。可惜这只是我们善良的愿望，真实的情境往往适得其反。我们之所以拒绝，是因为我们不得不拒绝。

不拒绝那本该被拒绝的事物，就像菜花状的癌肿，蓬蓬勃勃地生长着，浸润着，侵袭我们的生命，一天比一天难以救治。拒绝是苦，然而那是一时之苦，阵痛之后便是安宁。不拒绝是忍，心字上面一把刀。忍是有限度的，到了忍无可忍的那一刻，贻误的是时间，收获的是更大的痛苦与麻烦。拒绝是对一个人胆魄和心智的考验。因为拒绝，我们将伤害一些人。这就像春风必将吹尽落红一样，有时是一种进行中的必然。如果我们始终不拒绝，我们就不会伤害别人，但是我们伤害了一个跟自

己更亲密的人，那就是我们自己。

拒绝的味道，并不可口。当我们鼓起勇气拒绝以后，忧郁的惆怅伴随着我们，一种灵魂被挤压的感觉，久久挥之不去。因为惧怕这种难以言说的感觉，我们有意无意地减少了拒绝。在人生所有的决定里，拒绝是属于破坏而难以弥补的粉碎性行为。这一特质决定了我们在做出拒绝的时候，需要格外的镇定与慎重。然而一旦拒绝，就像打破了的牛奶杯，再不会复原。它凝固在我们的脚步里，无论正确与否，都不必原地长久停留。

拒绝是没有过错的，该负责任的是我们在拒绝前做出的判断。不必害怕拒绝，拒绝是一种权利，我们只需更周密的决断。

拒绝犹如狂飙突进，孕育天马横空的独行。

拒绝有时是一首挽歌，回荡袅袅的哀伤。

拒绝更是破釜沉舟的勇气，一种直面淋漓鲜血惨淡人生的气概。

拒绝不可不分缘由啊。假如什么都拒绝，就从根本上拒绝了每个人只有一次的辉煌生命。智慧地勇敢地行使拒绝权。

这是我们每个人与生俱来的权利，这是我们意志之舟劈风斩浪的白帆。

5 学习达到自我完善的境界

现代社会，竞争日趋激烈，知识的更新速度更是不断地加快。就在今天这个科技发展日新月异的时代里，自我完善显得尤其重要。欲完善自我只能通过学习，我们的人生才会得到不断地完善。很好地在这个世界上占有一席之地，才能做一个生活中的强者！

§人生因为学习而精彩

人生要想做到完善，必须有知识做后盾。对于一个缺乏知识的人，

是无论如何也成不了强者的。学习是我们成功的资本，这是因为无学将无以致用，所以要做一个以知为本的人。在人的一生中，绝不会顺利地走向巅峰，遭遇挫折和失败在所难免，学习和改变的速度快慢，是在这个无情竞争、友情服务的社会中成败之关键。在知识经济时代，没有知识的人越来越寸步难行，其实没有知识并不可怕，最可怕的是你没有学习意识，最可悲无望的人就是那些贫困没有知识且没有学习意识的人，所有的经济力量莫不依赖于知识，产生于知识，市场竞争由产品竞争发展到知识竞争。我们只有不’断学习，拥有深厚的知识，才能够成为未来社会主义建设的接班人。

人生因学习而变得生动有趣，我们每个人的一生其实就是学习的一生，我们生命中所遇到的人和事，所得到的经验都是一笔财富。只是有的主动学习，有的被动学习，这也正是先进与落后最直观的体现与最根本的原因。不凡之士与庸常之辈的最大区别，并不在于他的天赋和付出，而在于他是否拥有明确的人生目标，只有勇于挑战人生，才能拥有成功的希望。在人生的竞技场上落败的原因，不是缺少信心、能力、智力、只是没有明确的目标或选准目标，且又缺乏坚强的斗志，只有把注意力凝聚在目标上，才能取得可人的成绩，才能为日后的成功奠定坚实的基础。

心中有远大的人生目标，却不愿意为此而努力学习，注定是一种悲哀。目标好像靶子，必须在你的有效射程之内才有意义，如果目标偏离实际，反而于事无益。你必须要为目标付出努力，如果你只空怀大志，而不愿为理想的实现付出辛勤的劳动，那“理想”永远是空中楼阁。只有把目标和行动有机地结合起来，才有可能拥抱成功，目标和行动是改变人生的砝码。一个人不管做什么事，具有什么条件，身处什么样的环境，只要专心致志，勤奋刻苦，好学多问，坚持不懈，脚踏实地一步一步地走下去，自然会越来越接近成功的那一大。

如果不懂得前进，只知一味地故步自封，那么将永远跟不上时代的变化，最终就会被社会所淘汰，这就是在“赛马中识别好马”的道理。当今社会的人才竞争，说到底是知识的竞争，学习力的竞争。青少年作为国家的下一代接班人，只有在学习中提升自己的实力，将来才能很好地立足于社会。

知识是种热量无穷的强大能量，知识与行动结合起来就是力量。学知识好比零存整取的银行存款，同时要有与众不同的创意，这样才会收到与众不同的收获。

通过学习，可以使我们养成良好的心态和信心。要知道，人生的失败并不是败给了谁，而是败给了悲观的自己，做任何事情都要有个良好的心态和信心，一个缺乏自信的人，他是一事无成的，唯有自信使不可能成为可能，使可能成为现实，缺乏自信的人往往会使可能也变得不可能，对于不相信自己的人，永远都不可能做得了将军。

当今时代，选择了学习，就等于选择了改变，选择了正确的人生道路！

§通过学习，完善人生梦想

我们身上都背着一个生命的行囊，辛苦地跋涉在漫漫的人生之旅中。梦想是精神的支柱，坎坷则是梦想的梯子。因此，我们必须去正视坎坷，认真学习，用知识来完善我们的梦想，完善我们的人生。

不同的人可能会拥有相同的梦想，然而收获的却是截然不同的人生。在追梦的途中，有人一路鲜花掌声，有人一路荆棘丛生。虽然他们都达到了相同的梦想，但前者缺少了克服磨难的耐力，后者却会拥有饱经风霜和痛苦之后那种成功的喜悦。坎坷，会使我们的生命因此而更加亮丽多彩。

我们是新时代的希望，生活在未来和现实之中，难免会经历彷徨，但只有奋斗了，就一定会完善成功的梦想。正因为有了梦想我们才不会在人生旅途中迷失方向，从而矢志不渝的坚守着人生的信条。无梦使一生贫困潦倒，无志则使一生贫贱低劣。带着梦想行走的人一生充实饱满，无梦的人只是生命途中的，一具行尸走肉。追梦中我们汲取经验，拓宽视野，锻炼能力；梦圆时，我们便可尽情地放声高歌。梦想，会使我们感受到实实在在的存活在这个世界上。

梦想与现实之间遥远的距离，有时可能会让我们想到退却，有时甚至会让我们感到绝望。正因为有了这些坎坷与无奈，我们才会更好的珍

惜梦途中的成果。而坚持学习则是实现梦想最现实、最有效的方法。布伦克特用行动给我们证实了一个真理：“如果谁能把三岁时想当总统的愿望保持50年，那么50年以后，他就是总统了。”

人生最大的失败便是因绝望而陷入万丈深渊，最大的胜利则是管理好了自己的梦，使梦想成真。结局中，或许我们并没有达到预期的成就，但是我们为之追求过，努力过，奋斗过；为它哭过，笑过，痛过。即使失败了，我们也可以扬起头问心无愧地说“我不后悔，因为我努力了！”。滔滔历史长河，湮没了无数的英雄伟绩，只有那坚定的信念在心间熠熠生辉。努力了，便不会后悔，奋斗了便再也没有遗憾存在。只要我们为了人生之梦而努力学习了，只要我们做到了人生无悔，那么就已经收获了胜利。

世间万物都需要甘霖进行滋润，梦想需要我们用理智去呵护，用知识去灌注，用行动去支撑。我们不能不顾现实的制约去追求虚无缥缈的梦境，也不能盲目把眼前的一点小利益当成自己伟大的梦想去追求。脚踏实地，让我们从现实的角度出发，从自身的优势出发，用睿智的眼光正视未来的梦，既不轻言放弃，让梦想随风而逝；也不沉溺其中，让梦想奴役了自己的灵魂。我们既要做梦想的追求者，在梦想的指引下不断地奋斗，也要努力去做梦想的主人，使它成为我们独立决策的指路明灯。

6 学会取舍

在这个世界上，每个人想要的东西有很多，但重要的是要学会取舍，因为属于自己的很多时候只能是沧海一粟。金无足赤，人无完人，我们不能要求的太多太美。有位哲人曾这样说过：如果你不能成为大道，那就当一条小路；如果你不能成为太阳，那就当一颗星星，决定成败的不是尺寸的大小，而是在于做一个最好的你。每件事的解决都不是唯一的，那就要看你的取舍观念了。

青少年朋友们，生活对于我们来说是一门艺术，需要我们好好地经营。它的真谛之一，就是要懂得正确取舍，一个人凡事都能做到收放自如，游刃有余，就不失为一种快乐的人生。因为人生就是矛盾，永远不可能尽善尽美，即使你一生不懈地在努力，生命终结时你也拿不走尘世间的一针一线。

§舍，是为了明天更好地拥有

在一群群猴子出没的森林里，捕猴的猎人在树下设置了机关，专门捕小猴子。

猎人把空玻璃瓶绑在树干上，瓶内装了一条香蕉，引诱小猴子来拿。

这个空玻璃瓶的瓶口恰好可容下小猴子将手伸进去，可是拿了香蕉的手却比瓶口大，往往拔不出来，猎人就利用这个机会把小猴子逮个正着。

一天，小猴子闻到香蕉的香味，兴奋不已，把手伸进瓶罐里要拿香蕉来吃，没想到手拔不出来了。

它很着急，连忙跟旁边的大猴子求援，大猴子早已看破猎人的诡计，跟小猴子说："放手啊！把香蕉放开，手就可以出来了！"

可小猴子舍不得香喷喷的香蕉，死不肯放手。人们常常用这种方式捉到猴子，因为猴子有一种习性：不肯放下已经到手的东西。

事实上，我们面对的诱惑太多，手里抓住的每一样东西都不肯放弃，到头来恰恰会令我们浪费许多机会。舍得放弃，其实是为了得到更好的机会，这不是一中消极的态度，而是一种积极的自我选择。所谓"有所不为，才有所为"，在有限的人生里，只有舍得放弃，做出正确的取舍，才能把握命运。

凡事要懂得取舍，有舍才能有得。取舍间关乎一个人的命运、前途的改变，鲁迅弃医从文，开始了他的文学创作的道路，他的文章像匕首一样插进敌人的胸膛；如果他不弃医从文，他可能只是位医人治病的医生而已。陶渊明的取舍使他尽情田园山水，隐居山野。人生是一条奔腾

不息的河流，河流会分岔，但它终归向前奔淌，人生要有取舍，简约而不简单，在于取舍。要记住一个人的道路，抉择都不是唯一的，可以取舍。

人的一生是短暂的，在历史的长河里如白驹过隙，在这瞬间的人生里，美好的东西实在多得数不过来，我们总是希望得到的太多，让尽可能多的东西为自己所拥有。有人说：人生是一个不断放弃的过程，必要有所取舍，有所得失。过分的索取，自私的贪婪重压会让我们不得不发出疲惫的呻吟，要知道背囊里的东西越多越重，最终你索取的东西会使你累倒在地。我们要懂得：今天的舍弃，是为了明天地得到。“塞翁失马，焉知非福”就是一例。舍弃是为了明天更好地拥有。

§学会取舍，快乐人生

一个年轻人非常羡慕一位富翁取得的成就，于是他跑到富翁那里询问他成功的诀窍。

富翁弄清楚青年的来意后，什么也没有说，转身就到起居室拿来了一只大西瓜。青年迷惑不解地看着，只见富翁把西瓜切成大小不等的三块。富翁把西瓜放在青年的面前说：“如果每块西瓜代表一定程度的利益，你会如何选择呢？”

青年盯着最大的那块说：“当然是最大的那块了。”

富翁笑了笑说：“那好，请用吧。”

富翁把最大的那块西瓜递给青年， 自己却吃起来最小的那块。在青年还享受最大的那块西瓜的时候，富翁已经吃完最小的那块。接着，富翁微笑着拿起剩下的那块，还故意在青年眼前晃了晃，大口吃了起来，其实，那块最小的和最后一块加起来要比最大的那一块大得多。

青年明白了富翁的意识：虽然富翁吃的西瓜没有自己吃的大，却比自己吃的要更多。

取舍之间，彰显人们的智慧。人生的成败在于取舍，有能者善取，通悟者懂舍。取舍有道，张弛有度，便是人生的最高境界。

要想当一名考古学家，就要舍弃城市里的舒适；要想做一名登山健

儿，就得舍弃娇嫩白净的肤色；要想当一名科学家，就得一丝不苟地努力……

生活有时就像是一首诗歌，充满了无穷无尽的乐趣。而人生最大的遗憾之一就是不能很快地感受到生活的美好，只是在回忆往事的时候才能真正品尝到生活的滋味。常人之所以不能有所成就，就是不能正确地对待得失。凡事总是患得患失，而不能有效地抓住生活的一分一秒，创造出应有的价值。人必须学会正确对待得失，应该懂得你就是大大方方地得，痛痛快快地舍。

苦苦地挽留夕阳，是傻人；久久地感伤春光，是蠢人。贪小便宜的人，往往会失去更珍贵的东西。舍不得家庭的温馨，启程的脚步就会被羁绊；迷恋手中的鲜花，很可能就耽误了你美好的青春。

其实，人生就是一段旅程，一路上，我们会经历很多爱、恨、情、愁，它们占据着我们的大脑空间，有些是我们得以不断前进的信念，带给我们力量；而有些则是我们的负累，让我们遭受困扰，这时，就要懂得放弃，学会取舍。那么，我们的人生就会多一些快乐，少一些烦躁；多一些成功，少一些失意。面对多彩的人生，青少年只有学会正确的取舍，理智地树立正确的人生观、世界观和价值观，人生才会焕发五彩斑斓的勃勃生机。

第六章

培养自立个性风度，提升人格魅力

伟大的革命导师马克思曾经说过：人是各种社会关系的总和，每个人都不是孤立存在的，他必定存在于各种社会关系之中，如何理顺这些关系、如何提高生活质量就涉及了社交能力的问题。对于青少年而言，良好的人际交往能力及良好的人际关系是其生存和发展的必要条件，在不断的人际交往中，他们应该学会自立，只有这样，才能使其更好地形成与发展健康的个性品质。

1 养成令人愉悦的个性

微笑会使你保持愉悦的个性。微笑是春天里的一缕和风，吹拂过来总叫人感到神清气爽、心旷神怡；微笑是夏日里的一股清泉，流淌而至总使人感到消暑解渴、清爽怡人；微笑是深秋里丰硕的果实，总让人感到在向你颔首致意、笑容可掬；微笑是寒冬里的一轮朝阳，沐浴其中总令人感到温和柔美，暖意融融。

§让快乐成为生活的主旋律

心境影响着我们所处的世界。一个拥有快乐心境的人，看到的是一个值得欢欣的世界；一个内心充满仇恨的人，见到的是一个令人愤怒的世界；一个心中满是忧伤的人，见到的是一个充满悲哀的世界……也许我们的境遇的确糟糕，但只要能包容所有的不公，宽恕命运的不平，我们便不会再抱怨，因为我们拥有充满信心的快乐。

快乐源于心中的感受，而并不在于身处的环境。有人花费半生的积蓄去外国度假，结果却扫兴而归；而也有人在受灾的灾区中划艇作乐，玩得不亦乐乎。如果心中没有快乐，即使走遍天涯海角，也不会找到想要的那片乐土；如果心中充满快乐，哪怕身处逆境，也可以泰然面对。

有一个国王，虽拥有其他人想要拥有的一切，却仍然郁郁寡欢。虽然每日招一群优伶舞者为自己表演，但依然是终日闷闷不乐。于是一群好事的大臣纷纷给国王出谋划策，希望能博取国王的开心。其中有一位大臣建议说：“如果能找到一个快乐的人，让他把衬衫脱下来给您穿上，相信您就能得到快乐了。”

国王信以为真，马上命令使者四处寻找快乐的人。使者以为富足的人肯定会快乐，于是就找遍国中的显赫贵族，但却没有人认为自己快

乐。他们每个人都有心事，都不快乐，他们觉得生活缺少乐趣。

使者们又想到小孩子应该是快乐的，于是又找遍所有的小孩子，但是小孩子都说自己不快乐，因为他们害怕大人的斥责，他们有许多想要的东西却无法得到。

正当使者们沮丧担心之时，他们看到一个在烈日下劳作的农夫，他裸露着上身，满身大汗，一边高声唱着歌，一边走到树下纳凉。使者走上前去问他："你快乐吗？"农夫说："当然快乐啊！我自食其力，无忧无虑，真是快乐极了！"使者们听后大喜："那你能把你的衬衣给我吗？"农夫抱歉地说："哎呀，我没有衬衣。"

快乐是什么呢？其实快乐就是一种心态。当我们能对自己所处的环境以包容的心态来面对，就像农夫一样，虽然生活很艰辛，但却能乐此不疲，我们就会感到快乐。生活不可能按照我们的意愿来满足我们的要求，我们需要以一种积极的心态与生活融合。

的确，有时我们费尽心机寻找快乐，却更加迷失自己，因为我们并不知道快乐其实在我们心里。

有许多人感到生活的压力很大，于是便到网络世界去寻找快乐，街角的网吧里，烟雾缭绕，狭小的空间内是24小时无休止的电脑鏖战，但是这样的娱乐得到的只是疲惫与空虚，而不是心灵充实的快乐，此时快乐已经沦为寻求刺激和兴奋，没有丝毫收获，就更谈不上充实了。

那么，快乐是否在很遥远的地方，在天涯海角，在我们无法触及地方呢？当然不是，快乐在我们心中永驻，只是我们没有发现它。古人崇尚宁静的生活，在宁静中日出而作，日落而息，在悠然中读书品茗，平淡也快乐；陶渊明隐居乡间，种豆南山，采菊东篱，写诗作赋，寂寞也快乐；刘禹锡以文会友，陋室中永存德性，又有苔痕、草色，清贫也快乐；李白在月下对酒当歌，抒写豪放诗文，即使失意，却不失乐。拥有古人的心态，我们会发现拥有快乐其实很容易。

§ 为生命涂一抹快乐的色彩

生命原本是无色的，当我们用正确的心态去装扮它，它便会拥有绚

烂的色彩。

有这样两个小兄弟，一个非常忧郁，而另一个则非常乐观。他们的父母把他们带到精神病医生那里看病，想让悲观的孩子快乐起来，而让快乐的孩子能正视生活中的障碍。于是医生把悲观的孩子锁进一个摆放着许多新奇玩具的屋子，把乐观的男孩锁进一个摆满了马粪臭气熏天的屋子。当重新打开屋门时，人们发现悲观的男孩正在号啕大哭，不肯去玩那些玩具，因为怕把它们弄坏。而乐观的男孩则正兴高采烈地铲着马粪，他还兴致勃勃地对父亲说："有一屋子的马粪，那在这附近一定生活着一头快乐的小马驹！"

这是美国前总统里根在他的演讲中经常用到的故事。故事告诉人们，无论在多么困难恶劣的环境中，只要拥有英雄主义的进取精神，从积极和乐观的方向去思考和努力，就能取得成功。里根总统一生的传奇经历也是这道理的最好写照。

两个人结伴到山中露营，当夜幕降临时，快乐者看到的是满天的繁星，而忧郁者却在为帐篷被偷而烦恼。路边有一颗玫瑰，悲观者为花中的刺痛苦，而乐观者却为刺上的花而快乐！一张带着墨点的白纸，你会为白纸上的墨点而失意，还是会为墨点下的白纸而庆幸呢？

许多时候我们不快乐，不是因为快乐离我们太远，而是我们还不知道自己和快乐之间的距离有多近。快乐不需要刻意经营，快乐也不一定完美，只要舒心、轻松、惬意，那就是快乐！

让不快乐的心情离我们远去吧！青少年朋友，当你不开心时，建议你做做运动，比如打一场篮球或跑一场步，把你的情绪宣泄出来，不要埋在心底。或者大哭一场，或者听听音乐，想想开心的事，抛弃所有的烦恼吧。快乐其实很容易，放松心情，登高望远都会有快乐的体验。让自己始终保持快乐的心境，是一种处世智慧，赶快快乐起来吧，你的快乐心情也能感染身边的人！忘却心中的迷茫，抹去眼中的忧伤，放飞心中的梦想，快乐其实就在你我的身边。

喧嚣尘世，受束缚的是生命，自由的是心情。只要心空晴朗，人生就没有泥泞。其实，快乐真的很简单，有时，它就是潺潺流过心田的一抹微笑！快乐，并不遥远，它就在我们每个人的心中！

2 做人要积极行动

没有人比你自己更在乎你的学习或是生活，没有人比你更适于管理你的人生。你只有积极主动，才能找到真正的“自我”，才能让自己在成功的道路上永远快乐！智圣诸葛亮曾说：“茅塞顿开，积极为善。”

只有积极主动的人才能在瞬息万变的竞争的环境中赢得成功，只有善于展示自己的人才能获得真正的人生价值。

§做一个积极的人

微软中国研发中心的桌面应用部经理毛永刚，在1997年时，他刚被招进微软时负责做Word。当时他只有一个大概的资料，没有人告诉他该怎么做，该用什么工具。和美国总部交流沟通，得到的答复是一切都要靠自己去做。在没有硬性规定测试程序和步骤的情况下，他根据自己对产品的理解，考虑到产品的设计和用户的使用习惯等，发现许多新的问题。结果他发挥出了自己最大的主动性，从而设计出了最满意的产品。

青少年在学习中也是正如微软中树立的信念一样，优秀的学生和普通的学生最大的差异就是其主动性，凡事积极主动的学生，才是一个值得大家信赖的学生。

比尔·盖茨说：“一个好员工，应该是一个积极主动去做事，积极主动地去提高自身技能的人。这样的员工，不必依靠管理手段去触发他的主观能动性。”

在微软，任何一个具有专业技能、具有竞争力的员工都必须充分发挥出自己最大的主动性。因为微软需要那种采取直接的、重要的行动为公司获得收益和取得市场成功的优秀员工。凡事主动的员工，不管他是

扫地的还是一个高级程序员，任何事情都会做得漂漂亮亮。这样的人不仅能把事情做好，他还经常对上司说：“我还有一个想法能做得更好。”因此，积极主动、喜欢找事做的员工，无论做什么事情都容易成功。

在工作中是这样子的，但是在现实的生活中，也是这样子的。很多的学生不知道其主动地完成自己的学习任务。很多学生常常要等老师吩咐做什么事、怎么做之后，才开始做。这样的学生没有半点主观能动性，不仅做不好事，而且也难以获得老师的认同。在这个新经济时代，昔日那种“听命行事”、等待“老师家长吩咐”去做事的人，已不再符合“最优秀学生”模式。现在，生活需要的是一个积极主动做事的学生。

在现代社会里，有两种人是永远都不会取得成功的，第一种是：只做别人交代的事情，第二种是：做不好上级交代的事情。这两种人都是不能自立的人，或者是在卑微的学习或生活上耗尽终生的精力、而毫无成就的人。李开复说：“不要再只是被动地等待别人告诉你应该做什么，而是应该主动地去了解自己要做什么，并且规划它们，然后全力以赴地去完成。想想在今天世界上最成功的那些人，有几个是唯唯诺诺、等人吩咐的人？对待学习，你需要以一个母亲对孩子般那样的责任心和爱心全力投入，不断努力。果真如此，便没有什么目标是不能达到的。”

§积极主动，走向成功

一位成功学家曾聘用一名年轻女孩当助手，替他拆阅、分类信件，薪水与相关工作的人员相同。有一天，这位成功学家口述了一句格言，要求她用打字机记录下来：“请记住：你唯一的限制就是你自己脑海中所设立的那个限制。”

她将打好的文件交给老板，并且有所感悟地说：“你的格言令我深受启发，对我的人生大有价值。”但这件事并未引起成功学家的注意，但却在女孩心中打上了深深的烙印。从那天起，她开始在晚饭后回到办

公室继续工作，不计报酬地干一些并非自己分内的工作——譬如替老板给读者回信。同时，她还认真研究成功学家的语言风格，以至于这些回信和自己老板写的一样好，有时甚至更好。她一直坚持这样做，并不在意老板是否注意到自己的努力。终于有一天，成功学家的秘书因故辞职，在挑选合适人选时，老板自然而然地想到了这个女孩。

这个女孩在没有得到这个职位之前就已经身在其位了，这正是她获得提升最重要的原因。当下班的铃声响起之后，她依然坚守在自己的岗位上，在没有任何报酬的情况下，依然刻苦训练，最终使自己有资格接受更高的职位。这位年轻女孩能力如此优秀，引起了更多人的关注，其他公司纷纷提供更好的职位邀她加盟。为了挽留她，成功学家多次提高她的薪水，与最初当一名普通速记员相比已经高出了四倍。

可是，主动去做老师没有交代的事情，并把这些事做好，就能提升自己在老师心目中的位置，就会获得更大的成功。

现在社会的竞争，也是人才的竞争。大浪淘沙，自己不努力只有被抛弃，任何地方都希望用积极主动的人才。所谓的主动，指的是随时准备把握机会，展现超乎他们要求的个人表现，以及拥有“为了完成任务，必要时不惜打破成规”的智慧和判断力。那些主动性差的人．墨守成规、避免犯错，凡事只求忠诚自己的任务，不让做的事，决不会插手；而工作主动性强的人，则勇于负责，有独立思考的能力，必要时会发挥创意，以完成任务。

因此，你要想在现代生活中获得一定的成功，就必须努力培养自己的主动意识，在学习中勇于承担责任，主动为自己设定学习目标，并不断改进方式和方法。在这个时代，被动就会挨打，主动就可以占据优势地位。我们的事业、我们的人生不是上天安排的，是我们主动去争取的。如果你主动地行动起来，你不但锻炼了自己，同时也为自己争取了很广大的人缘和社会力量，但如果什么事情都需要别人来告诉你时，你已经很落后了。

因此，每个在生活中想获取成功的人，都要保持一种积极主动的心态，做一个积极主动的你。

主动，给自己增加了机会；主动，给自己增加了锻炼的机会；主

动，给自己增加了实现自我价值的机会。社会、学习中只能给你提供道具，而舞台需要自己搭建，演出需要自己排练，能演出什么精彩的节目，有什么样的收视率，决定权在你自己。

因此，在学习中青少年要采取积极主动、时刻与自己制订的长期计划保持一致，以实际行动和良好的业绩来敦促自己，做一个积极主动的你，学会自立，在积极中战胜自我，这样才能成为一个成功的人，成为一个让大家都能值得欣赏的人。

3 保持低调是成熟的表现

低调做人，是一种品格，一种风度，一种胸襟，一种智慧，是做人的最佳姿态。想成就大事的人宽容于人，才能被得到别人的赞赏和钦佩，这正是人能立世的根基。根基既固，才有枝繁叶茂，硕果累累；倘若根基浅薄，便难免枝衰叶弱，不禁风雨。低调做人，不仅可以保护自己、融入人群，与人们和谐相处，也可以让人暗蓄力量、悄然潜行，在不显山不露水中成就事业。保持低调是成熟的表现，做人只有低调一点，方可成功。

低调是一种博大的胸怀、超然洒脱的态度，也是人类个性最高的境界之一。一般来说，低调的人比较宽容，能够尊重别人不同的看法、思想、言论、行为，甚至他们的宗教信仰和种族观念，她不会轻易把自己觉得“正确”或者“错误”的东西强加于人。

§保持低调，是一种成功

有一位留美的计算机博士，毕业之后他决定在美国找一份合适自己的工作，但结果却出乎他的所料，好多家公司都不录用他。思前想后，他决定收起所有证明，以一种“最低身份”再去求职。不久，他被一家

公司录用为程序输入员，这对他来说简直是“高射炮打蚊子”，但他仍干得一丝不苟。不久，老板发现他能看出程序中的错误，非一般的程序输入员可比，这时他亮出学士证，老板给他换了个与大学毕业生对口的专业。过了一段时间，老板发现他时常能提出许多独到的有价值的建议，远比一般的大学生要高明。这时，他又亮出了硕士证，于是老板又提升了他。再过一段时间，老板觉得他还是与别人不一样，就对他“质询”，此时他才拿出博士证，老板对他的水平有了全面认识，毫不犹豫地重用了他。他终于获得了老板的赏识，他以低调做人的方式取得了成功。

低调做人是最绝妙的明哲保身艺术；是最沉稳的中庸平和艺术。生活在世间，行走于社会，既做事，就不能自外于人，自外于人无异于自绝生路。而自绝生路者，又能做成何事？有这样一副对联，“做杂事兼杂学当杂家杂七杂八尤有趣，先爬行后爬坡再爬山爬来爬去终登顶”，横批“低调做人”，有时，做人不要太高调了，要放低姿态，低调做人才能取得成功。

很多人都知道汉代名将韩信，他在未成名之前，有一次走在淮阴的路上，有个不良少年看他不顺眼说：“你看起来挺神气，不过，只是中看不中用。有气魄的话，你就来杀我；不敢，就从我胯下爬过去。”韩信忍一时之气，从不良少年胯下爬过。他的低姿态，后来为他立了不少战功。

低调做人就是用平和的心态来看取世间的一切。修炼到这种境界，为人便能去留无意，望天上云卷云舒；便能贫贱不能移，富贵不能淫，美色不能引，威武不能屈。低调做人，我们便能获得一片广阔的天地，成就一份完美的事业。

在现实生活中，人们通常是高调出击，但这样并不一定就意味着成功；相反，低调并不一定就意味着失败。我们关注低调的理由是：它可能实际上是一种比高调更高明的策略。而保持低调的人却往往能取得最后的成功，保持低调其实就是一种成功。

§低调，是成熟的表现

富兰克林有一次到一位前辈家拜访，当他准备从小门进入时，由于小门的门框过于低矮，他的头被狠狠地撞了一下。出来迎接的前辈微笑着对富兰克林说："很疼，是吧？可是，这应该是你今天拜访我的最大收获。你要记住：要想平安无事地活在这人世间，你就必须时时记得低头。"从此，富兰克林把"记得低头"作为毕生为人处世的座右铭。

我们都是凡人，与富兰克林不能相提并论。更应时时刻刻学会低头，懂得低头，敢于低头。生命的重荷负载过多，就低一低头，卸去那份多余的沉重。面对自己的错误和不足，也要学会"低头"。只有学会低头，才能正视自己的错误。

民间有句谚语："低头的是稻穗，昂头的是稗子"。越成熟越饱满的稻穗，头垂得越低。只有那些稗子，才会显摆招摇，始终把头抬得老高。

低调不是自卑自贱，是有傲骨而不显傲气，自信而不自以为是，给自己留有余地。不张扬，成功了会有惊喜，是失败了不会招来冷语。低调一点，也可以少一点压力，活得轻松。学会低调做人，就要不喧闹、不造作、不故作呻吟、不卷进是非、不招人嫌、不招人嫉，即使你认为自己满腹才华，也要学会藏拙。

王蒙曾经说过："我常常提倡低调原则，就是你不论做什么事情，不要把调子唱得太高，唱得太高了会吊起别人过高的希望值，过高的胃口，但你实际上并不能做到，就像有些写作的人，非常想自己的作品发表在什么刊物上，是大的刊物还是小的刊物，是登在头条还是最后。而我是恰恰相反，我有意识把作品放在小刊物上。因为你发头条，放在大刊物上，人家对你要求高，对你的衡量，拿的就是一个比较严格的尺，如果是放在小刊物上就容易混过去了。"

人的一生中，保持低调对于自己的成功起着重要的作用。尤其是青少年朋友，从小就应该学会低调，这样不仅会让自己更好地在这个社会上生存，更重要的是，低调是一种成熟的表现。

4 对生活中的逆境，做到微笑和坦然

生活总会有逆境和顺境相伴，会有苦难与喜悦相随。面对仅有的一碗干小麦，悲观的人只会抱怨命运的不公，为明天的日子忧伤哀叹，沉浸在悲哀中无法自拔，而乐观的人却感到庆幸，并满怀希望地思考着如何将小麦变成一碗香喷喷的小麦粥。

事实上，对于已出现的“逆境”，既已无法改变，何不坦然面对？或许你坦然面对可以从中发现另。一种希望与成功。

§ 笑看挫折，做生活的强者

挫折出现时不要轻言放弃，也许再往前走一步路，也许再坚持一分钟，你就会看到成功的大门展现在面前。正所谓：“穷且益坚，不坠青云之志。”在同挫折的叫板与对垒中，能够笑对挫折的人会变得越来越强大，挫折则相对藐小很多。

有这样一个不幸的男孩儿，在年仅7岁那年，不幸地患上了一种叫作“先天性进行性肌营养不良”的罕见疾病，这种病的主要症状是四肢无力。据医学专家介绍，同类患者的最长生命记录仅为18岁。知道了这一切，男孩并没有失去生活的信心，他不顾自己身体的虚弱，不顾生命已经进入倒计时，和父亲一起踏上了“感恩之旅”。因为之前当男孩的病在社会上流传开时，许多好心人都向他伸出了援助之手，于是从2003年开始，男孩和他的父亲决定在全国寻访素未谋面的恩人。父亲用一辆三轮摩托车带他走过了82个城市，共行程13000多公里，向几十位当年曾资助过他的好心人当面道了谢，在每一片土地上几乎都留下过他们的脚印。男孩说道：“向每一位好心人说句谢谢，给他们送一一束鲜花，这是我最大的心愿。”这个心愿也将一直伴随着他走下去，直到生命的尽头，他就是“感动中国”的风云人物——黄舸。

恐怕很多常人都难以想象，这样一个每天都在和死神赛跑的孩子，面对命运的曲折不仅没有怨言，没有诅咒，反而笑着给人们光明和希望。相比较之下，那些生活在无忧无虑中的青少年，一遇到点小困难就轻言放弃，情何以堪?

“不幸是天才的晋身之阶，是信徒的洗礼之水，是能人的无价之宝，是弱者的无底之渊”。法国大文豪巴尔扎克如是说。是的，“挫折”就像是一所没有人愿意上的大学，但只要是从那里毕业的，都是生活的强者。暴风雨后会出现彩虹，黑夜之后必定有黎明，只要敢于正视挫折，笑对挫折，最终一定能够踏上成功之路。

挫折来临时，怨天尤人是于事无补的，因为当你怨天尤人时就等同于将痛苦放大，挫折本来就是生活的组成部分，任何人都是躲避不掉的。面对挫折，青少年不应该过分地沉迷于痛苦失意的阴影不能自拔，更不应该在悲伤痛苦的泥沼中越陷越深。要明白，人生有了考验才能显得更加精彩，至少不再是一片空白，所以，面对生活中的逆境，不妨用微笑去面对!

§既成事实，坦然面对

在明代大学问家曹臣的《说典》中记载着这样一个小故事：东汉大臣孟敏，年轻的时候曾卖过甑，一次，行走间不慎将甑摔在地上，被摔碎了，他连头也不回就继续前行。有人问他：“坏甑可惜，何以不顾?”孟敏十分坦然地回答：“甑已破矣，顾之何益。”是的，甑已摔破，即使回头再看也无济于事。这已是无法改变的事实，你为之感到可惜，心疼如焚，顾之再三，又有什么益处呢?在西方还有一则小故事，与此有异曲同工之妙。

在卡耐基创业的初期，在密苏里州举办了一个成人教育班，并且陆续在各大城市开设了分部。他花了很多钱在广告宣传上，同时房租、日常办公等开销也很大，尽管收入不少，但是到最后，他发现自己一分钱都没有赚到。而且由于财务管理上的不足，他的收入和支出刚好能够平

衡。在忙碌了这么长时间后，结果竟然是一点回报都没有，这令卡耐基很苦恼。他不断地抱怨自己的疏忽大意。这种状态持续了很长一段时间，整日里闷闷不乐，神情恍惚，甚至于导致事业都没法再继续下去了。最后卡耐基去找中学时的生理老师乔治·约翰逊。

老师听了他的话以后，把他带到水池旁边，伸手打翻了一瓶牛奶，同时说了一句话："不要为打翻的牛奶哭泣。"聪明人一点就透，老师的这一句话如同醍醐灌顶，困扰卡耐基多时的苦恼瞬间就消失了，于是他振奋起精神，继续奋斗，终于创出了今天的成就。

这两个小故事里都包含了深刻的哲理。是啊，面对已打破的甑与打翻的牛奶已经不能再恢复原状，既使你后悔，哀叹，它已经成为事实，无法改变。故事中的人之所以成为有成就的人就是因为他们懂得这个道理：既成事实，坦然面对才是大智慧。

辛弃疾在一首词中写道："叹人生，不如意事，十之八九"，现代人，或许比较幸运，但不如意事，也有十之三四吧？下岗，被老板炒了鱿鱼，不如意；落选，被降职，被顶头上司冷落，不如意……这些都是在我们日常生活中无法避免的事，如果遇到这样的事，只能一直默默地感伤，把自己关在自己的思绪里，一直沉湎于过去的一切吗？那么将来该如何，你是否想过呢？所以，一旦遇到这种事情，我们应该想想"甑已摔破，顾之何益"，应该想想"不要为打翻的牛奶哭泣"，学习其中处世的哲学，生存的智慧。

面对时代的发展，面对社会的无情竞争，我们手中的"甑"随时可被他人打破，杯中的牛奶也可能被打翻。这些大都会在我们的心理上投下了阴影，有时甚至因此而备受折磨。究其原因，就是我们没有调整心态去面对失去，没有从心理上承认失去，只沉湎于已不存在的东西，而没有想到去创造新的东西。所以，遇到这样不如意的事，不要怨天尤人，不哭天抹泪，不消沉颓唐，不心灰意懒；应吸取教训，挺直腰杆，义无反顾，径直向前。

人们安慰丢东西的人时常会说："旧的不去新的不来。"生活中的你此时或许失去了一份绚丽的爱情，或许失去了一次升职的机会，或许丢失了一份钱财，或许搞砸了一份生意，或许……但再伤心、再难过，都

是毫无意义的。与其为失去的工作懊悔，不如考虑怎样才能再找一份新的，与其对恋人向你说“拜拜”而痛不欲生，不如振作起来，重新开始，去赢得新的爱情。要知道，历史不会为任何人而改写，既成的事实是无法改变的。

不要计较一时的得失成败，接受既成的事实，要勇敢地正视，在平静地面对中，蹚出一条希望之路。相信我们可以在彷徨失意中不断修养自己的心灵，面对生活中的逆境，做到微笑和坦然。只有这样的人，才能成为强者，才能事业有成，才能出人头地，才能品尝到成功的喜悦，才会有鲜花美酒的陪伴。

5 自立之美——豁达

汉朝《后汉书》中曾道：“且开心见诚，无所隐伏，阔达多大节，略与高帝同。”这些话就是显示了敞开自己豁达的胸怀，能表示自己的诚意。那么待人就能更加诚恳，更真心更实意。三国时期的军事家、政治家曹操也曾说过：山不厌高，水不厌深，周公吐哺，天下归心。这就是豁达的自立之美。可见，要保持一种阔达的美真是人生一大精华。

有这么三种人：一种人离生活太近，不免陷于利害的冲突；一种人离生活太远，往往又成了不食人间烟火的隐士；还有一种人与生活保持着一种恰当的距离。这种人也就是人们常说的豁达之人。

豁达，是一种境界，是一种自立的美。

§豁达，人生的资本

以前有一个高官李定，曾因母丧之后不服孝而引起人们唾骂。对苏东坡的攻击最凶，诬陷他的理由是他出身贫寒，说他浪得虚名。这分明是嫉妒。又如王圭，他自称文章天下第一，对苏东坡的检举也是鸡蛋里

挑骨头。当有人偷偷地告诉苏东坡他的诗被检举揭发了的时候，他先是一怔，然后笑道："这下不愁皇帝看不到我的诗了。"不是谁都能如此镇定的，也不是谁都有这般胸怀的。然而，邪恶的力量越来越大了。最后，苏东坡被关了起来，然后是屈打成招。但是，邪恶终究战胜不了正义，他没有被斩，而是被贬黄州。

其实豁达很简单，人生中很多的事情不是想象中的那么完美，需要怀有一个豁达的人生信念，这样你就可以获得了你的人生资本。自立就会在豁达的一面充分地体现出来。

豁达象征着深刻。豁达的人能深刻地认识世界和人生；豁达表现沉着，具有豁达品格的人能沉着地对付所面临的社会、人生方面的诸多问题。豁达是领悟人生真谛的反映，是人性日臻完美的标志，是学问和人品之大成，是通过学识优化气质的表现。豁达是苦学的结晶。豁达的人总是"有关家国书常读，无益身心事不为"，"一刻千金，不负青春"，"腹有诗书气自华"，"心追墨趣人不老"。正如陆游的一首诗："六十余年妄学诗，功夫深处独心知，夜来一笑寒灯下，始是金丹换骨时。"

豁达是一种生活的姿态。豁达了你就不会去斤斤计较生活里的得失，豁达了你就能在平凡的生活中寻找到快乐。豁达了，你不但能自己在平凡的生活中寻找到快乐，而且还能把你寻找到的快乐送给别人。拜读完他的诗句，我心里感触很深！是啊，豁达的确是人生的一种生活姿态，更是一种待人处世的思维方式。它一部分来源于性格，但更多的源于修炼：性格的修炼，心性的修炼，学识的修炼，境界的修炼。豁达是人智慧中不可缺少的一部分，豁达的人是最完整的人。豁达了，你就能在生活中寻找到快乐并把快乐送给别人。

豁达是一种素养，尖刻、势利、贪婪、嫉妒，以及舍我其谁、四面树敌的傲慢，几乎与之无缘，更不会文过饰非，甚至暗箭伤人；豁达又是一种宽容，有人对不起他，他不会记人一辈子，他知道，"海纳百川，有容乃大"。

豁达是一种开朗。豁达的人，心大，心宽，悲愁痛苦的情绪，都在嬉笑怒骂、大喊大叫中、撕个粉碎。我们要按生活本来的面目看生活，而不是按着自己的意愿看生活。风和日丽，你要欣赏，光怪陆离，你也要品尝，这才自然，你就不会有太多牢骚，太多的不平。

豁达是一种自信，“自信人生二百年，当会击浪三千里”，自信思想和人品的升华，可以使他通达美妙的人生境界，不会卷入世俗的牢笼，虚度年华；豁达又是一种谦虚，天不言自高，地不言自厚。大智若愚，沉默是金。

豁达是一种生活艺术。豁达的人既不离金钱物欲太近，不追逐时尚或与人争利；也不离现实生活太远，不但不做远距人间烟火的隐士，还要不断为使自己和他人更好吸纳人类现代文化及全面提高生活质量而努力奋斗。豁达使人与生活保持恰当的距离，有可能实现境界理想化和生活现实化的完美统一。

豁达是一种人性之美。豁达的人生活充实，情趣高雅，心胸浩瀚渊深，像森林，清新沉静，像大江大河，不顾周边的污秽，直奔大海。豁达的人的神经健全，躯体壮实，能尽情欣赏如画如诗的世界，使生活充满了乐趣和欢乐。豁达，能够使我们通达泰戈尔所说的美妙境界：“生如夏花之绚烂，死如秋叶之静美”。

如果青少年朋友们，你们看过余秋雨先生的《东坡突围》中转折点其中的曲折。这一切过后使他有如脱胎换骨。经过这场浩劫之后，他并没有因此而倒下，而是以他豁达的胸怀包容了一切。他，真正地成熟了。在这种背景下，引导千古的杰作便应运而生了。

§自立需要我们豁达

生活本身就是一部哲学书，我们每个人必须仔细品味它，才会有所收获。在豁达中表现自立的本质，在自立中体现豁达的品质，这就是我们需要的最基本的人生本质。

我们只有在慢慢地品位中才会知道生活的酸甜苦辣、是非曲直、喜怒哀乐。这样我们才会从容不迫地面对任何问题，我们也才会真正懂得什么是生活，怎样生活，我们才会自信的驾驭人生。生活对于每个人来说都是一种财富，并且是用金钱无法衡量的财富。无论曾经经历过多少坎坷与曲折，生活都能赋予你人生价值。因为在人生这场旅程中，有太多的东西值

得我们去学习、去鉴赏、去领悟、去追求，追求那种豁达的气质。

庄子的妻子去世了，庄子的朋友惠子去祭奠，出乎人的意料，庄子非但没有悲悲凄凄，反而“鼓盆而歌”，惠子说：“不哭亦足矣，又鼓盆而歌，不亦甚乎！”庄子曰：“不然。是其始死也，我独何能无概！然察其始而本无生；非徒无生也，而本无形；非徒无形也，而本无气。”庄子认为生命本就起于无形，不仅无形，而本无气，如今她虽然死了，却是回归了生命的原本。死生犹如昼夜交错，故生不足喜，死不足悲。人们大多不了解此理，所以有悲乐之心。既然这样我为什么要那么忧伤呢？我应该为她归于生命的原本而高兴啊，否则我就是不明生死之理，不通天地之道了！鼓盆而歌是因为看穿了事物的本质而表现出来的道家的无为思想，这是一种智者的豁达。也许我们都无法做到庄子这般豁达，但的确能给我们以启示。

其实在生活当中，人人都能以不同的角度理解豁达的含义，人人都在用心追求豁达大度的意境。然而，却很少有人能真正地成为一个豁达的人。

其实，一个人的快乐并非因为他拥有的多，而在于他计较的少。很多人都知豁达能给自己带来愉快，但又无法停止各种猜疑，乃至陷入世事纷争而不能自拔，没一天安稳日子过。久而久之就走向丁豁达的对立面——狭隘。狭隘的人斤斤计较，容不得一丝一毫的吃亏。狭隘的人要变得豁达，首先就要摒弃各种世俗杂念，不去理会那些堵塞心胸的噪音、玷污举止的画面；其次要善于原谅人，多和诚恳之人交朋友，从他们身上学习为人处世之道。生活中许多糟糕事，听了见了徒增烦恼，不如不听不看。那么当你闭上双眼，就能看到心中无限的世界美轮美奂；当我们掩上双耳，即听到大自然生机盎然的勃发之声。

豁达可以让世界海阔天空，豁达可以让争吵的朋友重归于好，豁达可以让多年的仇人化干戈为玉帛，豁达可以让兵戎相待的两国和平友好。俗话说，多一个朋友总比多一个敌人强，在此，豁达就是这样一种大智慧。

世界首富比尔·盖茨也曾说过：“没有豁达就没有宽松。无论你取得多大的成功，无论你爬过多高的山，无论你有多少闲暇，无论你有多

少美好的目标，没有宽容心，你仍然会遭受内心的痛苦。世界上最大的是海洋，比海洋更大的是天空，比天空更大的是人的胸怀。”

那么，只有学会豁达地与人相处，自立就慢慢地在生活中形成，在构建人际交往中也会更加地完善。

6 让自己拥有优雅迷人的气质——学识美

美不是装饰出来的外表，美是天然形成的特质。它具有天然性、内在性、特殊性。一个真正美的人，不光表现在外表，更主要的是内心。善良是一种美，勤劳是一种美，清淡的打扮是一种美，简约的装束是一种美，独特的气质是一种美，丰富的学识那是另外一种特别的美。

气质美是后天的一种美，它集学识、锻炼、修养于一身，是典型的“人缘精”。因为这类人有一份独立的学习或是其他的，更有一份独立的人格。

有人说，学识是一种美，学识是高山，是大海，是天空和大地，是包容，是鲲鹏和参天的大树，是弥漫无边的风，是青草和花朵，是永远的郁郁葱葱，是永远唱不完的歌。而那些有学识的人，总会带着一种优雅，带着一种自信，带着一种从容，带着一种由内向外散发的不可抵挡的魅力。因为他们大都经历了岁月的洗礼，淘尽了身上的浮华，展现出来的，是一种沉静，一种怡情悦心的品质美、气质美和学识美。

§气质，个人的独特风度

在抗美援朝的时期，很多人都因为打仗而生活缺乏物质保障，更不要提打仗了。在这个危机的情况下，中国接近了抗战解放的重要阶段。唱《谁说女子不如男》的豫剧艺术家常香玉自己用自己的唱戏的收入为国家捐赠了几架飞机。毛泽东主席曾说：“这是一个具有气质不凡的艺

术家，人民的艺术家。”

我们试想当时，在中国水深火热的时候，是何等的盼望解放。大多数的人都是为了生计而四处奔波，但是艺术家常香玉却为了国家，表现出大义凛然的气质，把个人的利益都抛到九霄云外去。这完全是一种人格上的气质，气质塑造了她能为了国家而牺牲自己。

中国历代有很多这样具有内外兼备、博学多才的人们，他们的气质与修养是每一位谈及的人都会发自内心的钦佩与敬仰。就像我们都熟悉与尊敬的宋庆龄女士，她的美丽、学识、大度、宽容、修养使许多人知道了什么是中国最有气质的人。

气质是一个简单而又奥妙的谜。气质来源于内心，是美丽的关键所在，人类征服一切的魅力，在于气质。气质不仅受先天生理素质的影响，同时它也受后天种种因素的影响。也就是说，人的内在素质，是可以通过自身培养与修炼改变的。拥有一个优雅的气质就拥有了一个独特的个人修养。

气质与修养对于每一个人来说是一种永恒的诱惑，因为气质与修养不仅仅靠外貌就能获得，而且还要拥有智慧与学识。

有人说富有知识的人能够永葆青春，因为知识的人们处于生活的最上层，享受的生活机遇比一般人更充分，如受教育的机遇，因而知识型的人应该是最快乐的人。

拥有学识应该是很重要的，因为它是帮你完成你人生目标的基础。青少年拥有美貌会是做事情的捷径，但拥有学识却是为你所憧憬的目标的实现奠定了基石。你们不会因为美貌而可爱，但却会因为可爱而使人觉得她是美丽的。这与自己的修养和素质是分不开的。拥有学识会使自己变得很独立，很有主见，能力也是不言而喻的。

做一个快乐的知识人才，并不是人人都可以做到的，它没有想象中的那么简单。

§ 拥有气质美，坚定自立

周恩来总理一句“为中华之崛起而读书”体现了他的气质所在。而

且在周总理去俄罗斯留学的时候，就是一边自己去饭店打工，一边去读书。那时他完全靠的是自己。其身上具有的不只是读书的气质，而是振兴祖国的气质。

自立往往就是需要拥有这种学识的气质所在，坚定自己的自立，把握自己的人生方向，并且在每一时刻想好自己的未来，那么自己就培养了一种自立的学识的个性风度。

21 世纪的知识人才遇上了前所未有的发展机遇。高科技发展推进了人类的地球时代，发展机遇的全球化速度加快；改革开放不断深入，中国正由乡土社会转向工业社会，世界正由工业社会转向信息社会，发展机遇正由低层次向高层次攀升。

气质是一个人的含金量，是由漂亮上升到美丽的必要条件，一个没有气质的人可以漂亮但绝不会美丽。气质是生命炫目的花朵，绽开在自信人生的枝头，随四季轮回，花开不败，香袭魂魄。

气质不是一朝一夕形成的，这与平时的自信和学识有关。这就要求我们平时要多读书，增加知识的积累，只有知识增加了才能逐渐地提高自己的修养，从而显示出一种高贵的气质美。一个有修养的女人不会在背后对别人品头论足，捕风捉影的传播些小道消息，说别人的坏话。一个美丽的女人不会把精力浪费在蜚短流长上，而是会把精力用在工作上和如何提高生活质量上。

有学识的人，他们往往学业优秀，才华出众，谈吐不凡，举止高雅。传媒领域中的杨澜、陈鲁豫、许戈辉，都属于学识和修养兼备的人。而演艺界的李英爱和刘若英，学识与优雅兼具的女明星。无论身处何种环境，都能时时显示出学识和聪慧兼备的优雅和自信。在商界里众所周知的惠普前任 CEO。费奥丽娜，无疑是一位学识过人，才华出众的领导者。对于这样的人，很多人都总是会由衷地钦佩和赞赏。

一个兼具聪明，学识和智慧的人，便是世间最美丽的人。他们往往德才兼备，充满爱心，热爱生活，关爱生命。其人性中的美丽与高贵，贯穿着他们的生命与生活；而上帝对她们的最大的祝福，也成就了他们健康美丽的丰盛人生。

有学识的人首先一定不会像自己漂亮的脸蛋一样受父母的遗传，这是完全通过自己的努力达到一定的成就，和一些真正的天之骄子聊

天，有学识的人，心里永远都是怀着一种卑谦的心态去学习，因为在他们身上，永远能找到勤奋的影子。

有学识的人不像不学无术到处夸夸其谈的“小知识分子”，正如一位伟人的话，越是无知的人越爱处处显示自己的无所不知。有学识的人永远是谦虚的，永远认为身边的人是他们或者有他们的老师，他们总能看到这些人的长处。

做一个有学识的人，就要谦虚谨慎，相互尊重，团结协作，做一个能与集体和谐相处的人。真正有学识、有涵养的人，是不会刻意炫耀自己的，像这种有学识的人，其大都是从内心散发出来的美，这种美没有任何的杂质在里面，是从骨子里透出来的一种灵气，一种气质，这种美才称得上深刻，称得上绝妙。

漫漫人生路，美丽来源于对自己的不断塑造，所以任何时候，都不能单纯地以外表来评价一个人，美貌和气质永远无法画上等号，这是生活中的必然，由于个人的气质是从人格深层散发出来的，它反映着人性的人格特征和人格价值。读书可以增加一个人的气质，广博的学识可以给人聪明才智，也会给人增添不凡的气质。知识和智慧是气质美的一根支柱。

人性的气质美，是美的综合表现。气质美，会使你们忽视其貌而永存其美。气质美的人，即使丑点，人们根本不会说她丑。无知的美在外表，其实很难在人们的心底烙上美印。前者高雅，后者俗气。用培养气质来使自己变美，要具备更高一层的精神境界。前者使人活得充实，后者把人变的空虚。而最完美的恰恰是两者的结合。

气质美，蕴藏着真诚和善良。“腹有诗书气自华”。知识和智慧会使人更加优雅迷人。气质美是美的精华，是真正的美、永恒的美，林语堂先生把读书看成是美容的重要方式，他曾多次在文章中引用诗人黄山谷的话：“三日不读书，便语言无味，面目可憎。”肖复兴先生也认为：“读书与美容的关系，是读书能够增加人内在的学识和气质。”多读书，从阅读中得到心境上的海阔天空，心境开朗了，神清气爽，定能让面目美好起来。举手投足温文尔雅，落落大方中显示一种自省和游刃有余的悟性，让人赏心悦目。

青少年朋友们，当你觉得自己是缺乏自立时，就用学识去打造一个

全新的自我吧，只有把握好了自己的坚定的人生立场，那么你的人生将不再是一张空白的纸张，相反你的生活也会因此变得充满阳光，让我们去拥有一个优雅迷人的学识气质吧，只有这样，你才会在以后的生活中一帆风顺。

7 让自己永远保持勇往直前的进取精神

大的成功是由小的成功积累而来的，这就需要在成绩面前永不满足，不断前进，需要有积极进取的精神。有了这种精神，就能在生活和事业上不断给自己提出新目标，为实现目标不断做出努力。

成功的路上不可能会一帆风顺，只要青少年们始终向上攀登，不断进取，努力了总会有回报，不要叹气，命运是你自己改变的。

社会中知道积极进取的人也为数不少。张广厚在考中学的时候，因为数学不及格而未能考上，但是他并没有为此而放弃自己学习的梦想，相反他则在一步步走进数学的圣殿，最终成了享誉世界的数学家。这就是败也数学，成也是数学，他所靠的就是不怕困难、积极进取的精神；身残志坚的张海迪，虽然双腿不能走路，却凭着自己自息不强、积极进取的精神，最终攀上自己理想的高峰。

§勇往直前，不断进取

汤姆·霍普金斯是全美四大推销大师之一，从小就背负着父亲希望他当律师的期许，当他浪费了父亲毕生的积蓄，从律师学校休学回家时，他的父亲对他流下失望的眼泪，并对他说：“汤姆，我看你这辈子都不会成功了”！

汤姆在第二天就离家出走，开始踏入了社会，他选择了推销房地产的行业。前六个月，汤姆一点业绩也没有，身上只剩一百元，又花了这

仅有的一百元参加了加强推销技巧的研讨会，之后，他连续八年得到全美房地产的销售冠军，得到了最后的成功，环游世界，也成了一名出色的导师，教导无数业务员推销的方法。

也有不少人问及他成功的秘密是什么。他说："支持我遇到挫折也勇往直前的是一个信念：成功者绝不放弃，放弃者绝不成功。"

积极进取，既体现了一个人对生活的态度，同时也体现出了不断追求的精神，也是时代的要求。俗话说："逆水行舟，不进则退。"我们所处的时代是一个飞速发展的时代，要想跟上时代的步伐，就必须不断学习，否则就会落伍，就会被社会所淘汰。

人生道路上，并不是一帆风顺的，而是困难重重，布满荆棘的，但只要有不断进取的心，有永不退缩的精神，就能够战胜困难。

进取心是成功的起点。有了进取心，我们才可以充分挖掘自己的潜能，实现人生的价值，充分享受人生的甘美。我们才能扼住命运的喉咙，把挫折当作音符谱写出人生的激情之歌。我们才能在生命中留住青春的激情和朝气。

进取心，是驱使一个人在不被吩咐该做什么事情之前即主动去做应做的事，它可以激发人抗争命运的力量，是取得成功和创造卓越的原动力。

拥有进取心的人，必定有着活跃的思维、广泛与渊博的知识，这样的人不管有没有所谓的成功与地位，在周围环境的人群中必将受到尊重，其自身价值就能得以完全地展现。

§发扬你的进取精神

1832年，林肯失业了，这使得他非常伤心，可他并没有在失败中沉沦下去，而是下决心要当政治家，当州议员。令人糟糕的是，他竞选失败了。在一年里遭受了两次不小的打击，这对他来说无疑是非常痛苦的。

紧接着，林肯开始着手自己创办企业，可是还没有经历一年的风雨，这家企业就倒闭了。在以后的1 7年里，他为了偿还企业倒闭时所

欠的债务而过着到处奔波，充满磨难的日子。

随后，林肯又一次决定参加竞选州议员，这次他成功了。他内心萌发了一丝希望，认为自己的生活从此便会出现转机："可能我可以成功了！"

1835年，他订婚了。可就在他准备结婚的前几个月里，他的未婚妻不幸去世。面对这个不幸的事实，他的精神终于支撑不住了，他心力交瘁，数月卧床不起1836年，他被确诊为神经衰弱症。

两年的时间过去了，林肯觉得身体状况有所好转，于是决定竞选州议会议长，可他又一次失败了1843年，他又参加竞选美国国会议员，但这次依然没能取得成功。

虽然林肯一次次地尝试，可失败也一次次地降临：企业倒闭、爱人去世、竞选败北。要是一个普通人碰到这一切，或许他会说放弃，而林肯却不会这么做。他是一个聪明人，他具有执着的性格，他没有放弃，他也没有说：要是失败会怎样？1846年，他又一次参加竞选国会议员，最后终于被选上了。

两年任期将要过去时，他打算让自己争取到连任。他认为自己作为国会议员表现是出色的，相信选民会继续选举他。但结果很令人遗憾，他落选了。

由于这次竞选的失败，他赔了一大笔钱。林肯接着申请当本州的土地官员。但州政府把他的申请退了回来，上面指出："作本川的土地官员要求有卓越的才能和超常的智力，你的申请未能满足这些要求。"

接下来的两次又是失败。在这种情况下，如果是你，你会坚持继续努力吗？你会不会说"我失败了"？可林肯没有服输1854年，他竞选参议员，可结果仍然是失败；两年后他竞选美国副总统提名，结果被对手击败；又过了两年，他再一次竞选参议员，结果还是未能取得成功。

林肯尝试了11次，可只成功了2次，他一直没有放弃自己的追求，他一直在做自己生活的主宰。1860年，他当选为美国总统。

亚伯拉罕·林肯遇到过的敌人你我都曾遇到。可是他面对困难没有退却、没有逃跑，他怀着勇往直前进取的心态坚持着、奋斗着。他压根儿就没想过要放弃努力，他不愿放弃，所以他取得成功是必然的。

一个人要想成就一番大事业，就要有勇往直前的决心，遇到困难怀揣一份进取心，那么就必定会取得成就。有人说："进取心是魔术大师，它可以把你的潜能发挥到极致。"人的进取心，加上不屈不挠的精神和健康的身体，就能创造奇迹。行动吧，人生要活得有价值就要靠进取心，实现人生宏伟目标靠进取心，施展才智靠进取心。

进取心是人类智慧的源泉，它就好像从一个人的灵魂里高竖在这个世界上的天线，通过它可以不断地接收和了解来自各方面的信息。它是威力最强大的引擎，是决定我们成就的标杆，是生命的活力之源。

进取心可以使人的感情变得丰富。由于不断更新的知识，会使人容纳更多的东西，视野更为开阔、心胸更为宽敞。如果人生伴侣双方都有进取心，那么就更能增进情感，消除因时间长而导致出的枯燥单调的情景，还会使人不断更新生活的题材，有永远说不完的话题，保持良好的沟通，让双方情感不会枯竭，保持永远年轻活跃状态，让生活变得更加丰富多彩又富有情趣。

进取心还能够促使人有强烈的求知欲，让人多去了解世界，得到更多的知识，对世间事态更多了解与更明朗，从而也就不会浪费生命，就等于延长了生命。

一个人的心胸有多大，舞台就有多大。进取心和想象力是成功的起点，也是最重要的身体的资源。目光高远，时刻想着提高和进步是成功者是重要的习惯。

进取心塑造了一个人的灵魂。我们每个人所能达到的人生高度，无不始于一种内心的状态。当我们渴望有所成就的时候才会冲破限制我们的种种束缚。如果一头牛不想喝水，你无法按下它的头。而一个不想进步的人，即使拿鞭子抽他，他也不可能有出色的表现。一个没有进取心的人，我们怎么能奢望他付出更多的努力去培养其他的良好习惯呢？

生活中，一个人在工作上的进取心，决定了他的职业目标。强烈追求提高自身价值，不断充实自己，吸收新的知识，与时代俱进，尽量保持不让时代淘汰，而不断创新体现在社会中自身的价值，不断地提升进取心。青少年在学习上也是如此的。进取心是使个体具有目标指向性和适度活力的内部能源，认真而持久的努力是个体取得成功的前提，而具有进取特质的个体也就具有了成功的基石。责任心强的人常能够审时度势选择适度的目标，并持久地、自信地追求这个目标，责任心强的人其事业容易成功。进取心是成功者的发动机，是你成功的阶梯和要素，是搭建在平凡和杰出之间的一座桥梁，是能够获得打开成功之门的秘密武器。

拿破仑·希尔告诉我们，进取心是一种极为难得的美德，它能驱使一个人在不被吩咐应该去做什么事之前，就能主动地去做应该做的事。

进取精神，还体现在不折不挠的意志。由于决定胜负的因素多种多样，其中许多因素不可预测和控制，因此战场上的失败在所难免。多去应战，可以多胜，但不能完全保证必胜、全胜。智者千虑，必有一失，这是规律。甚至屡战无功，这也并不足奇。有时失败正是胜利的转机，咬着牙坚持下去，胜利的曙光就会出现，这样的事屡见不鲜，如果一蹶不振，事业便从此终止。所以贝多芬说："卓越的人一大优点是：在不利与艰难的遭遇里百折不挠。"战场上的最后胜利者都有前赴后继、失败了再干的毅力。进取，必须面对失败；进取，必须战胜失败！

因此，青少年朋友们，在生活中，要时刻去保持那种勇往直前、不断进取的决心，无论做任何事情，都不要放弃，要有敢于去面对的心态，只有这样，才能找到真正的自我，锻炼自己，才能拥有一个向上的人生。

下篇

立志高远，谋求独立

第七章

志须正，人皆可以为尧舜

立志，即确定一个长远的目标，再制定达成目标的步骤，在这基础上努力进取，且不断调整理论与实践的差距的过程。在这个过程中，我们要有不服输的精神和艰苦朴素的作风，有一颗真诚的心，有改变现状的勇气和志气。

1 成就大事，胸怀大志

成就大事的人非等闲之辈，论三国时的刘备即为此类人。胸怀大志，志在无疆。从古至今，成功人士的经验无不告诉我们，成功源自远大的志向。志向，是一个人远大的理想体现。用通俗的话就是志趣所向。

胸怀大志的人，往往都是在平凡的事情中慢慢流露出志向的所在。青少年时期，志向的趋于也是取决于个人的日后发展。因此，青少年胸怀大志，能为以后成就一番伟大的事业。

§人要不妄有大志

唐朝著名的茶圣陆羽，从小就是一个孤儿，没有爸爸妈妈的疼爱。一个和尚看到了就收留他在自己的寺庙中。殊不知寺庙的生活就是整日诵经念佛，陆羽待在寺庙中，不愿过那种终日和尚般清闲的日子。就喜欢上了吟读诗书。

一天，陆羽请求师父说自己要当一名文人，去下山求学，但是却遭到了禅师的强烈的反对。禅师为了给陆羽出难题不让其下山，同时也为了更好地教育他“改邪归空门”，便叫他学习冲茶。在钻研茶艺的过程中，陆羽碰到了一位好心的老婆婆，不仅学会了复杂的冲茶的技巧，更学会了不少的读书和做人的道理。当陆羽最终将一杯热气腾腾的苦丁茶端到禅师的面前时，禅师终于答应了他下山读书的要求。后来，陆羽撰写了广为流传的《茶经》，把祖国的茶艺文化逐渐地发扬光大。

人确实要不妄有志向，陆羽的志向就在于他要成为一个文人，不屈膝于一个清闲空门的世界。志向能改变一个人的精神世界，正是因为他有了这样的志向才能有了茶圣的诞生。

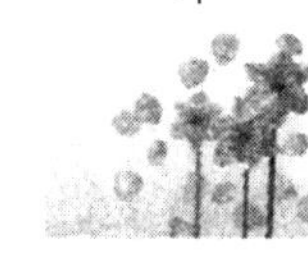

志向，人生中的转折点。人在一个世界上生活，不能单纯地去做一件事情，更多的是需要有自己的理想，那么这个理想就促使了志向的形成。志向的形成促使了个人的理想，人们随着自己的理想，不断地去追逐自己的志向，然后奔着自己的志向去改变自己的生活。

志向，有时就像是人生中至美的终点。人们要想去朝着自己的志向，必须去努力，靠自己的能力去改变自己的人生方向。只有努力才能到达至美的程度。

志向，来源于自己的梦想、来源于自己努力的心态。

人生最难的是什么呢？在我们的生活中，各自有各自的想法，有很多的人哀叹自己的生活是何等的不好，许多人常常目中无人且骄傲无比。更有很多的人深感自己的生活是如此的困难，为了生活苦苦挣扎。那么他们缺少的到底是什么呢？

其实最难做到的不是如何找乐趣、不是如何去生活、不是如何想着做官，而是：自己想做的事情。在人的一生中最难做到的，也就是做自己最想做的事情，正所谓“有意栽花花不发，无心插柳柳成荫”，也就是我们的梦想，一个成功和未来人生的彼岸——志向。

§胸怀大志成大事

著名的抗金民族英雄岳飞出生时恰逢乱世，人们在战争中四处奔波。岳飞自幼家里十分贫穷，但是正是应了“人穷志不穷”这句话。岳飞从小就很爱学习，特别是习武方面。

街坊的邻居发现了岳飞喜欢习武后，就主动去资助岳飞去拜见山西的名师周桐习武学艺。在这期间，岳飞因为目睹了山河的破碎，百姓的流离失所，就萌发了学艺报国的志向。因为知道自己的武功比别人强，岳飞平时骄傲自满。但是自从他有了志向之后，克服了骄傲自满的情绪。不管是寒暑冬夏，都刻苦练习武功，在名师的悉心的指导下，终于练成了举世闻名的枪法——岳家枪。自此，率领了王贵，汤显等，加入了抗金救国的爱国战役中。

生活中的海洋是变幻莫测的，而上天的挫折又是考验一个人的志向

是否能坚定的试金石。胸怀大志的人，一般都是从小志向就奠定了以后的事业。正如岳飞小时候就对爱国有一种热情，敢爱敢恨的个性塑造了岳飞的成大事的志向。

青少年时期，在面对生活的时候也是如此。志短的学生常常埋怨生活给了自己太多的挫折，太多的痛苦，觉得自己是不应该去遭遇这些磨难的。但是志强的学生则是赞颂了生活给了自己很大的磨炼，很多的快乐，无数的事实告诉了我们：古往至今，凡是能成就大事业的人，都没有一个不是胸怀大志的人，而正是由于有了不屈不挠的志向的人才有了战胜一切艰难险阻的原动力。

三国时期的曹操也曾说过：龙能大能小，能升能隐：大则兴云吐雾，小则隐介藏形；升则飞腾于宇宙之间，隐则潜伏于波涛之内……夫英雄者，胸怀大志，腹有良谋，有包藏宇宙之机，吞吐天地之志者也。

古人尚且有这种大志，我们现代人为什么没有呢？志向是天地之万物的合者。志向一旦确定就责无旁贷地赋予了人们。而不是去逃脱现实。而是抱着一个面对事实的心去接受事物，成就自己的事业。

秦始皇时期，有一个人项籍，刚出道时，年方有二十四岁。他的叔伯是项梁，父亲是楚将项燕。都是秦朝的将相王。项氏世代都是楚将，所以被封为项立姓项氏。

但是项籍年少时，学书不成，其家里让学剑。又没学成。项梁很是生气。项籍却自有自己的志向，一心去学敌万敌。那就是学兵法。于是项梁就去教项籍学兵法。果不然，项籍成了一代军师。最终受秦始皇的重用。

这不仅可以看出，志向是一个人成就伟大事业的根本。对于自己不感兴趣的家长一味地给予希望的志向，青少年当然不喜欢。发现自己的志向，去追逐志向，也是与志向的大小分不开的。

就像项籍，对于其父亲期望的志向，他却没有。他自己有自己的“大志”。这就是成就自己的事业的基础。这就有了“楚将之后，胸怀大志”这一著名的说法。

志向，正如人生的爬楼梯般。在爬楼梯的过程中，不是任何事情都是去等待着自己完成的。而是靠自己去发现的。在楼梯爬完之后，猛然发现自己还没有做自己应该做的事情，那样你就有可能遗憾终生。

有人说，我们的人生：20岁之前，我们活在家人、老师的期望之下，背负着很多的压力、包袱，自己也不够成熟、能力不足，因此步履不稳。

20岁之后，离开了众人的压力，卸下了包袱，开始全力以赴地追求自己的梦想，就这样愉快地过了20年。可是到了40岁，发现青春已逝，不免产生许多的遗憾和追悔，于是开始遗憾这个、惋惜那个、抱怨这个、嫉恨那个……就这样在抱怨中度过了20年。

到了60岁，发现人生已所剩不多，于是告诉自己不要在抱怨了，就珍惜剩下的日子吧！于是默默地走完了自己的余年。到了生命的尽头，才想起自己好像有什么事情没有完成。原来，我们所有的梦想都留在了20岁的青春岁月，还没有来得及完成。

假如我们生活在一个只相信奇迹的社会，生活将是荒诞而无序的；假如我们生活在一个不相信奇迹的社会，生活同样沉闷无聊。奇迹，有时遥远的如天边的星斗，可供我们遐想思索；有时，它又近得像口袋里的一盒火柴，只要你轻轻一擦，火光便会照亮黑暗，点燃篝火，又会伴你度过一个温暖的夜晚。志向，就是那样一份冥冥中的奇迹，说不定哪一天，它会跳出来，光临我们的生活与灵魂。

而胸怀大志的人，是完全不会这样认为的。他们认为只有自己为了自己的志向去向前发展，没有遗憾自己的以前，只是对现实自己存在的不足而惋惜。感到自己的志向还没有真正去实现。

总之，只有胸怀大志，才能有自己的事业。才能奔向自己的成功。青少年朋友们，你们要把握好心中的“大志”，学会在生活中体现出自我，记住志能成大事！

2 志在高，不可急于求成

俗话说：有志不在年高。志向是一个人进取的决心。是引领心中成功理念的重要的保障，有志向的人，其为人做事都是有着科学的把握

的，不是纯粹的为了志向而去盲目地追逐。相反，没有志向的人则是表现的漫不经心，对任何事情不抱积极的态度去面对，有时却是逃脱的心态去论事。

但是志向再高，也要根据客观的实在去把握，不可急于求成。

§做事不可急于求成

有一个小孩在草地上发现了一个蛹。他把蛹捡起来带回家，要看看蛹是怎样羽化为蝴蝶。

过了几天，蛹上出现了一道小裂缝，里面的蝴蝶挣扎了好几个小时，身体似乎被什么东西卡住了，一直出不来。

小孩子看着于心不忍，心想：我必须助它一臂之力。于是，他拿起剪刀把蛹剪开，帮助蝴蝶脱蛹而出。可是，这只蝴蝶的身躯臃肿，翅膀干瘪，根本飞不起来，不久就死去了。

这个故事体现出了“揠苗助长”的真谛。瓜熟蒂落，水到渠成，蝴蝶必得在蛹中痛苦挣扎，直到它的双翅强壮了，才会破蛹而出…

有人说过，世界上只存在着两种人，这两种人只需用一个简单的实验就可以区分开来。假设给他们同样的一碗小麦，一种人会首先留下一部分用于播种，然后再考虑其他问题；而另一种人则不管三七二十一把小麦全部磨成面，做成馒头吃掉。

现实生活中的每个人，都渴望做一个有志向的、成功的人、优秀的人，只不过在馒头的引诱下，太多人失去了忍耐的性子。成功是要讲究储备的，仓库里的东西越充足，成功的机会就越大，也才可能走得更远。成功的路是那样的遥远与艰辛，路边倒毙的每一具尸体都曾是一个在起点上充满信心、跃跃欲试的活生生的年轻人，对这路的尽头有无限的憧憬。口袋里的馒头固然可以令他们在启程以后跑得飞快，不过吃了眼前的，恐怕就没法指望下一顿了。馒头中的卡路里终究有一天会消耗殆尽，没有播种我们就没有支持，没有粮食的保证，我们就会早早地失去生机，过早地凋谢。

做事不可急于求成，自己如果有自己的志向，要按照一定的规律来

行事，不可用那种愚蠢的想法去压制自己的志向。志向不是很快就能实现的，而是需要用时间来衡量其志向的。

§ 志再高也要慢慢来

曾经有个名叫杰克的年轻人，他感觉自己的生活出了些问题。工作很长一段时间了，可是却得不到老板的赏识，更别提加薪了。生活上也还是老样子，一点儿意外的惊喜都没有。他常常幻想哪一天幸运能突然降临：买彩票中了大奖或者某位遥远国度的富贵亲友急急召他去认亲。有了这种幻想，他的工作更是没精打采，经常出错误。

他的朋友建议他去看一下心理医生，杰克答应了。心理医生的诊所是一间独立的两层小楼，诊室开在一楼。杰克进了诊室，看到心理医生诊室的一侧就有直通楼上的圆弧形楼梯，楼梯十分精致，可圆弧似乎多了一点，与普通简洁便利的楼梯有着一定差别。杰克盯着那可疑的楼梯，好奇地问医生："楼上是什么？你怎么不把诊所开在二楼？"心理医生平静地说："要是你想知道，你可以上去看一看。"于是杰克沿着那个楼梯走了上去，那上面不过是一个普通的阁楼，采光很好，有明亮的阳光照进来。杰克失望地下了楼。

"楼上怎么样？"心理医生问。

"很好，地方宽敞，又明亮。"

"那你是怎么上到二楼的？"心理医生又问。

"走上去的啊！"杰克感觉医生问得莫名其妙。

"怎么走上去的？"心理医生不动声色地继续问。

"沿楼梯一步一步走上去的。"杰克被问得有些不耐烦了。

"是啊，上到二层是要沿楼梯一步步走上去。尽管那楼梯有些陡，但只要一个台阶一个台阶地往上走，终于还是会走上去的。而我们现实中的生活呢？不也是要一个台阶一个台阶走吗？"

这个事例正说明了"欲速则不达"的道理。就表明了志的追求不是什么要求速度之快的。要慢慢地在人生中去追寻，志再高也要一步一步如上楼梯。需要静心地等待。

人的成功之路就好像一条漫长的旅游线路。终点是你期待已久的风景，恨不得插上翅膀飞到目的地。可是在出发前，你总是要做充分的准备。这就是你的努力了，最实用的地图、简便的帐篷、合脚耐磨的运动鞋、救急用的药品、食物饮水，这些必需品，你是否都装进了背包。而等你装束齐备，坐上了旅游专线车，你无暇欣赏路边的风景，心中仍被对目的地的期待塞得满满的，但这路上的时间你仍要耐心地等待。就是心急如焚，难以按捺自己的兴奋，甚至要唱起来，也仍要等待……对于每个人来说，要想成就一项大事业，急于求成是不会有结果的。只有有耐心的人才会赢得成功与未来。

青少年在生活中也是要根据自己的情况，去定自己的志向。自己把志向定得很高，但是也需要自己去慢慢地在琢磨事情的大小。

日本有一位非常有名的剑客，叫作宫本武藏。有许多仰慕他本领的人，不远千里，投身到他的门下学习。一天，一位剑客来到了宫本武藏那里，要拜他为师。他问宫本武藏："以学生的资质，需要多少时间才能学成？"宫本武藏回答："十年。"剑客又问："如果我加倍练习，夜以继日从不间断，又要多长时间？"宫本武藏再次回答："二十年。"剑客十分不解："为什么我加倍练习，花的时间反而更长？"宫本武藏答："一流的剑客，必须有两只明亮的眼睛，一只眼睛用来看外在，另一只眼睛用来看自己的志向，如果你只顾着天天练剑，还有时间看志向吗？"

生活中，在遇到了困难时，我们经常就是想着怎么去做好自己的事情，但是却忽视了"志"的存在。正如那个剑客一样，对于自己拥有那么大的志向固然不错。但是自己"志"能实现却是值得自己深思的一个大问题。

在周围，很多的事情都不是急于求成，把自己的志向看得比任何事情都要伟大，即使你志向再高，也要遵循一定的科学。按照人的生活准则去办事。双眼专注于一个"快"字上，志向却也便被蒙蔽了。腾不出眼睛看看志向，不再问志向。

这也就是在提醒青少年：志再高，不可急于求成。只为了速度，匆匆忙忙，没有仔细考虑就做决定，往往还会横生枝节，便出"昏招"。如果一心求快，你就只能志向也是因此而翻车。

人们常说：做事若急于求成，就会像饥饿的人乍看到食物，狼吞虎

咽地吞食，反而会引起消化不良。做事迅速的人，并不是事事贪多图快的人，而是办事富于成效的人。赛跑中率先抵达终点的人，并非因为步子迈得大、脚步跨得高，而是身体的协调使他最后一刻冲到对手的前面。因此，志向也不能因为速度而急于求成，达到自己的目标。

所以，有志不在年高，但是志再高也不要急于求成。要在适当的时候学会慢慢地把握自己的"志"，在寻求的过程中去努力找寻自我，那么青少年，你们的成长才是最精彩的。

3 在心里树立起一面信念之旗

人，只要有信念，有所追求，什么苦都能忍受，什么环境也都能适应。

人类的精神支柱就是信念，信念也是意识的核心部分。信念是人生征途中的一颗明珠，既能在阳光下熠熠发亮，也能在黑夜里闪闪发光。每个人的立身之本就是信念。

§志在心存信念

曾经有三个农民。他们正在羊圈中守卫自己的羊群。当他们感到地震时，都开始向外跑去，第一个最先跑出去，然后就是第二个，之后就是第三个。当前两个农民都逃时，土墙轰然压倒下来，当然第三个人也没能逃出来。

但是第三个农民是幸运的，他仅有一点微薄的空气在支持着他的呼吸。但是，那点空气也是不行的，他在死亡的边缘徘徊。在这时，有一种坚强的信念一直支撑着他，那就是他认为自己的生命是不能就这样就死去了。于是他奋力地挣扎着，奋力地用手刨着土，以尽可能地得到生还的机会。就这样，一直过了十几个钟头，在已奄奄一息时，他听到了救援的脚步和嘈杂的声音，这时的他已经没有喊叫的力气了。终于，人们用手把他挖了出来，他被挖出的那一刻，便彻底失去了知觉。可是他终于成功地活了下来。医生说，一个人在那样稀薄的空气中，能够存活半个小时就已经算是个奇迹了。

信念是什么？在很多时候，信念就是支撑我们生命的力量。第三个农民就是凭着自己的生存信念，一直支撑到最后，把自己生的力量定为人生最重要的东西。生命中往往就是因为有着一种坚定的信念才支持着人们去坚定自我。

我们在生活中，更要有坚定的信念在心中，想问题时不要先把困难摆在面前，一定要充满激情，敢于进取，敢于探索。

信念就是这样一种东西——别人在你的信念中活着，你在别人的信念中活着，然后，为了共同的信念走到一起，或携手并进。因此，在我们的生活中，才会有那么多的阳光，生活才会绽放出美丽的花朵。

决堤毁坝是一个很可怕的事情；但没有信念的生活更是不敢想象的，人长着大脑为的是思索人生；人长着双手是为了创造未来。人们常这样说：坚定的信念胜过聪明的懒汉。

人的观念有时会随时随地改变，而信念是牢固的观念，是不会改变的。信念是一个人生存的动力，如果一个人的信念系统出了问题，在百分之九十五的行为中都会出问题，结果可想而知。一个人只要有了坚定的信念，就是拥有了成功的第一章。

青少年也要心存信念，把人生中觉得重要的东西坚定下来，为了自己心中的所想去完成自己的学业，追寻自己的梦想，这也许就是信念之所以重要的缘故吧。

§心里要树立坚定的信念

有一年，一支英国探险队进入撒哈拉沙漠的某个地区，在茫茫的沙海里跋涉。阳光下，漫天飞舞的风沙像炒红的铁砂一般，扑打着探险队员的面孔。口渴似炙，心急如焚，大家的水都没了。探险队长在此时拿出了一只水壶，对大家说：“这里还有一壶水，但穿越沙漠前，谁也不

能喝。”

就这样一壶水，成了穿越沙漠信念的源泉，成了他们求生的寄托目标。水壶在队员手中传递，那沉甸甸的感觉使队员们濒临绝望的脸上，又露出坚定的神色。终于，探险队顽强地走出了沙漠，挣脱了死神之手。大家喜极而泣，用颤抖的手拧开那壶支撑他们的精神之水……缓缓流出来的，却是满满的一壶沙子！

从这里我们就可以看出信念的力量是多么的神奇，它能够帮助一个人克服困难，同时也是战胜困难的信心源泉。越是在艰苦的环境中，信念的伟大越体现得淋漓尽致，之所以伟大，就是会让人在任何环境下奋起！人如果丧失斗志和力量，就可以看出这个人没有坚定不移的信念。

炎炎烈日下，茫茫沙漠里，真正救了他们的，难道是这一壶沙子吗？真正救了他们的是自己的信念。执着的信念，已经如同一粒种子，在他们心底生根发芽，最终领着他们走出了“绝境”。

有了信念就有了追求与向往。它像逆境中扬起的风帆，带着我们驶向成功的彼岸。它能让我们在顺境中充分利用有利条件，不断向前发展。所有的逆境都是外在条件，坚定不移的信念才是必不可少的。

生活中，人生从来没有真正的绝境。只要一个人的心中还怀着一粒信念的种子，那么总有一天，他就能走出困境，让生命重新开花结果。其实．我们的人生就是这样，只要种子还在，那么希望就在。

信念是一种见解，是认识、情感和意志的统一表现，它还是一种综合性、稳定性，是人支配一切事物的持久性很强的心理品质。在社会生活中，人总是从自己的信念出发去观察周围的事物，又总是根据自己的信念，站在不同的立场上去判断是非。同时，人又总是为了自己的信念去努力奋斗。

信念是人生中最值得我们去珍惜的，青少年在日常生活中，要不断地树立起一面信念之旗，时常把信念当作第一，去学会追逐自己的梦想，那么自己的梦想就能在坚定的信念中不断发芽、壮大。

4 用崇高的目标引导生活

崇高的目标是需要将期望确定在自己能力所及的范围以内去适当地进行自己既定的追寻计划的。每个人的能力都有一定限度，既有优势又有劣势，一个懂得自己的人应该能对自己的能力做出客观评价，并据此行事。如果通过自身努力最终实现既定的目标，那么在获得成功的过程中，个人的需求就会得以满足，个人的价值得以体现，自信心得以巩固和加强。

§确立自己的崇高目标

日本曾经著名的长跑运动员山田本一在马拉松长跑中获取胜利的诀窍是自己的目标。他在每次的比赛之前，都会把比赛的路线仔细看一遍，把自己认为最难的，定为最终达到的目标。比如，在第一个标志下记作银行，这样自己在冲刺的时候就会朝向既定的目标，不断地去打破先前的记录。等到第一个实现后，继续第二个目标，就这样，最后他轻松地跑到了最终的目标地点。

这就是自己的既定目标的实现。既定的目标也许是一个很平常的目标，但是那却代表着你要为之而奋斗的结果。

崇高的目标是需要个人在奋斗中去把握的根本，心中向着一个前进的方向，去努力，朝着最初的想法去不断完善。把目标责任制了，增加自己的责任心，这样自己的目标就有可能更好地实现。

青少年在学习中，要时刻给自己定一个合理的目标，围绕着这一目标去完成自己的学习任务。确立好自己的目标，对自己的以后学习也是一种很大的帮助。远期的目标实现，像马拉松赛跑一样，需要一点一点地去实现，一步一步地向上攀登。

§引导生活，学会用崇高的目标

汉代的大史学家司马迁，曾经因为直言纳谏，指出皇帝的错误，让皇帝改变自己的做法。但是却得罪了皇帝，被投进了大牢。遭受了辱没人格、惨无人道的最严重的官刑。然而，个人的奇耻大辱并没有让司马迁一蹶不振，出狱后，他游遍了祖国的名山大川，阅遍了各类的经史典籍，发奋著书立说，终于在年老时完成了中国最早的一部纪传体通史《史记》，后人称之为“史家之绝唱，无韵之离骚”。

司马迁的事迹让我们知道了：崇高的目标不在于事情的好与坏，而是看它的发展。并不是什么事情都是一成不变的，要把崇高的目标看成人生中的大事情，不能把个人的情感强加在目标之上，有了困难目标就消失了。困难是压不倒我们崇高的目标的，真正的生活是多元化的，崇高的目标在于平凡的事情中创造出新的财富。

崇高的目标就是为了成就最好的自己，最重要的是要发挥自己的潜力，追逐最感兴趣和最有激情的事情。当你对某个领域感兴趣时，你会时时对它念念不忘，你在该领域内就更容易取得成功。更进一步，如果你对该领域有激情，你就可能为它废寝忘食，连睡觉想起一个主意，都会跳起来。这时候，你已经不是为了成功而工作，而是为了崇高的目标而忘我地学习了。毫无疑问的，你将会从此得到成功。

微软大王比尔·盖茨曾说：“每天清晨当你醒来的时候，都会为技术进步给人类生活带来的发展和改进而激动不已。”从这句话中，我们可看出他对软件技术崇高目标的追逐。1977年，因为对软件的热爱，比尔·盖茨放弃了数学专业。如果他留在哈佛继续读数学，并成为数学教授，你能想象他的目标将被压抑到什么程度吗？

比尔·盖茨的好朋友，世界第二富人华伦·巴菲特也同样认可激情的重要性。当学生请他指示方向时，他总这么回答：“我和你没有什么差别。如果你一定要找一个差别，那可能就是我每天有机会研究我的事业。如果你要我给你忠告，这是我能给你的最好忠告了。”

比尔·盖茨和华伦·巴菲特给我们的另一个启示是，他们的目标并不是庸俗的、一元化的名利，而是为了自己崇高的目标。

青少年朋友们，当你们了解自己的同时，努力地发现自己，挖掘自己的目标和兴趣，主动提升自己，并在提升过程中客观地衡量进度，这样才能获得成功，才能成为更好的自己。不懈追求进步的人，那么你的每一天都会比昨天更精彩。

5 迈向未来的目标

目标是需要朝前发展的。目标是站在原来角度去看未来。未来是要确立目标的。目标群不是空头支票。人们一旦有了自己的目标，就应该去把握手中的命运。

著名的物理学家爱因斯坦曾说：“目标是成功的前提。”

可见，青少年要寻找属于自己的目标，正值青春时期的你，迈开矫健的步伐，学会迈向未来的目标去找寻自我。

§找寻自己的目标

从前，有一位爱民如子的国王，在他的英明领导下，人民丰衣足食、安居乐业。深谋远虑的国王却担心当他死后，人民是不是也能过着幸福的日子，于是他召集了国内的有识之士。命令他们找了一个能确保人民生活幸福的永世法则。

三个月后，这位学者把三本六寸厚的帛书呈上给国王说：“国王陛下，天下的知识都汇集在这三本书内，只要人民读完它，就能确保他们的生活无忧了。”国王不以为然，因为他认为，人民都不会花那么多时间来看书。所以他再命令这位学者继续钻研。两个月内，学者们把三本简化成一本。国王还是不满意。再一个月后，学者们把一张纸呈上给国王。国王看后非常满意地说：“很好，只要我的人民日后都能真正奉行

这宝贵的智慧，我相信他们一定能过上富裕幸福的生活。”说完后便重重地奖赏了这位学者。

原来这张纸上只写了一句话：天下没有毫无目标而获取成功的事。

在我们的生活中，很多人想增加财富，提升地位，让生活更上一层楼，却不愿意多付出一点，只是不停地抱怨命运的不公。事实上，抱着这样一种心态，是无法改变现状的，更不要谈什么所谓的成功了。

只有找寻自己的目标，才能拥有一个自己的志向。就像国王一样，国王其实要的是一个制订计划的目标，而不是毫无意义的内容。内容再充实，也不能填补心中的目标实现。心中没有目标，做任何事情都是没有价值的。

生命的价值是什么呢？就是确定自己的目标和方向，抓住自己既定的目标，为了目标去做事情，那样才能显示自己的意义所在。

§抓住目标，迈向未来

曾有这样一个人，他整天游手好闲、好吃懒做，总梦想着哪一天能投机取巧成为百万富翁。这显然是不可能实现的。

有一天，他在报纸上看到这样一则消息：在南太平洋的一个小岛上生活着一种人，这种人长得和现代人十分相似，唯一不同的是他们只有一只眼睛。看到这则消息后，他激动不已，心想：“如果能抓到一个这样的人，然后每天带他到街上去展览一番，向参观的人收一定的费用，这样一定会赚到很多钱！”带着这个想法，他就策划着如何才能抓住这种奇特的人。

之后他一个人划着小船来到这个小岛上。到了小岛上，他看到那里有房屋，有街道，也有商店，还有展览馆，一切和现代社会无异。正如报纸上所报道的那样，这里所有的人都长着一只眼睛。于是他躲藏在暗处，准备趁机抓住一个独眼人，然后带回去，那样他就可以发大财了。可没想到他自己却被岛上的人发现了，那些独眼人看见他，就像看见怪物一样。他们从来没有见过长着两只眼睛的人。他们好奇地把他抓了过来，放在展览馆里供人们观看。展览馆的生意火爆异常，那些人靠这个

长着两只眼睛的人发了大财。

对于未来，每一个人都是充满向往的，都渴望自己成功，但是却往往忽视了别人在成功的同时付出的辛劳与汗水。

个人如果没有目标的话，就没有了通向成功的路子。

藤田田是麦当劳日本连锁公司的创始人，在他年轻时，尽管工资十分微薄，但每月仍雷打不动地把工资和资金的三分之一存入银行，这么做使得他的生活很艰苦，但他仍咬紧牙关坚持，有时候为了生计甚至去借钱也不去动银行的存款，6 年时间里，他努力工作、节衣缩食、勤俭朴素积攒了 5 万美元，他正是用这笔钱创办了公司，成就了自己的事业。

世界上绝对没有毫无目标的事情，成功的人无一不是按部就班、脚踏实地努力的结果。一旦他们有了自己的目标之后，就形成了不积跬步，无以至千里；不积小流，无以成江海的思想。成功者之所以成功，不在于其起点的高低，而在于凡事都有一个自己的目标，把握住自己的成功方向，以求真务实、事无巨细、脚踏实地的态度去做。

如果你想成就一番伟业，在确立你远大的目标之后，就要静下心来，认认真真、脚踏实地地开始你的行程！在通往成功的路上，你不要梦想一步登天。应该在青少年时代注意自己的品德修养，刻苦学习多种知识，为自己的人生打牢基础。如果地基不扎实．那么你的成功恰如“空中楼阁”摇摇欲坠。所以，真正的聪明者，请一步一个脚印走好！

6 让梦想托起自己飞翔

古往今来，成功人士的经验无不告诉我们，成功源自梦想。梦想即人们在梦里大胆的想象，不一定会实现，它只是一个美好的期望。梦想是生活的动力，生活有了梦想才变得真正有意义。梦都是美的，美梦成真也就成了人们长久以来的信仰。

梦想可以通过一定的方式和途径，通过自己的努力和拼搏成为现实。梦想最大的意义就是给了人们一个方向，一个目标。如果只把梦想当作梦，人生也就毫无意义。梦想使人伟大，人的伟大就是把梦想作为目标来执着的追求。

§人生需要梦想

在一个乡村里，有一位叫薛瓦勒的邮差，一次，他被一块石头绊了一跤，他拿起那块石头一看，发现石头十分异样，便把它放在自己的邮包里，并有了一个念头：如果用这样美丽的石头建造一座城堡那将会十分动人。于是，他每天在送信途中都寻找并带回许多奇形怪状的石头。为了捡回更多的石头，他开始推着独轮车去送信，顺便捡回一车石头。这样，他每天白天送信捡石头，晚上按照自己天马行空的思维来垒造自己的城堡。许多人认为他异想天开，痴人说梦，他却不为所动，依然如此。经过 20 多年的不懈努力，终于在他偏僻的住处，出现了许多错落有致的城堡。

后来，法国一家报社的记者偶然发现了这座异样的城堡，为这里的风景和城堡的建筑格局感叹不已，于是写了一篇介绍文章，刊登后引起巨大反响。许多人都慕名前来参观城堡，连有名的画家毕加索也专程来参观薛瓦勒的建筑。如今，这座城堡已成为法国著名的旅游景点，它的名字就叫“邮差薛瓦勒之理想宫”。城堡入口处的石头上刻着：“我想知道一块有了愿望的石头能走多远。”薛瓦勒用梦想建造的这座令人惊叹的城堡并对这个问题作了最好的回答。

梦想是一个人的信仰。它是做事情的动力。并且，梦想也理应被渲染上浪漫的色彩。它没有宗教，不爱金钱，不图权力，它是一个人心里的美好部分。它可以默默无名，但是，它不可以蹂躏践踏。

梦想，是永远闪耀在夜幕中的那颗最亮、最炫目如钻石般的星；梦想，是炽热无边的沙漠里那座看得见却始终走不近的城市；梦想是一张拉满的弓，鼓起的帆。有梦想才会有坚定的信念、不懈的追求，才会有缤纷绚丽的人生。

梦想是成功路上的一盏明灯，它照亮你前进的方向。“如果你不知道自己的方向，你就会谨小慎微，裹足不前。”不少人终生都像梦游者一样，漫无目标地游荡，他们每天都按照熟悉的“老一套”生活，缺少做梦的能力，从来不问自己：“我这一生要干什么？”他们对自己的作为很不了解，因为他们不再做梦，不再有理想。

人生，需要梦想，成功的人生更离不开梦想。戏剧家萧伯纳曾经说过：“梦想可以化渺小为伟大，化平庸为神奇。”罗素也曾说过：“梦想是坚韧的拐杖，带着它促使你不断地追求。”薛瓦勒用一块一块的石头垒造了自己的梦想，也垒造了自己的成功人生，我们可以想象得到，当薛瓦勒看着自己垒造城堡后的那种喜悦表情，当他闭上眼睛的那一刻，肯定不会为自己的人生感到遗憾，因为他在人生的路上洒满了自己的梦想和果实，自己的理想目标实现了，达到了，那么，他的人生就是一个成功的。

人生，是一艘船，梦想便是指引方向的罗盘；人生，是一列火车，梦想便是延伸道路的铁轨。所以，人生不能没有梦想，梦想之于人生，犹如空气之于人，阳光之于花草，水之于鱼。如果人生没有梦想，就像小溪的流水只能带走凋谢的青春花瓣；如果人生没有梦想，就像山间燃烧的野火已失去了原有的生命色彩；如果人生没有梦想，那么青春的活力只消失在低吟浅咏的哀叹中，青春的火焰只能熄灭在杯的泡沫中。无梦的人生注定是空虚的、苍白的。美国著名的马术师罗伯兹说过这样一段话：一个人什么都可以没有，但绝不能没有梦想；一个人什么都可以丢弃，但绝不能把梦想丢了；因为梦想就是生命。

§让梦想托起自己飞翔

丹尼尔·卢迪是一位富于鼓动性的演说家。卢迪在伊利诺伊州乔列特长大，从小就听说圣玛丽大学的神奇传说，梦想有一天去那儿的绿茵场踢足球。朋友们对他说，他的学习成绩不够好，又不是公认的体育好手，别异想天开了。因此，卢迪抛弃了自己的梦想，成了一家发电厂的工人。

但不久，一位朋友上班时死于事故，卢迪震惊不已。这使他突然意识到人生是如此短暂，以致你很可能没机会追求自己的梦。所以他很快开始了实现梦想的行动。

1972年，在他23岁时读印第安纳州圣十字初级大学。卢迪在该校很快修够了学分，终于转入圣玛丽大学，并成为帮助校队准备比赛的“童子军队”的一员。

卢迪的梦想很快要成真了，但事实并不顺利，他未被准许比赛穿上球衣。第二年，在卢迪多次要求后，教练告诉他可以在该赛的最后一场穿上球衣。在那场比赛期间，他身着球衣在圣玛丽校队的替补队员席就座。看台上的一个学生呐喊道：“我们要卢迪！”其他学生很快一起叫喊起来。在比赛结束前27秒钟时，27岁的卢迪终于被派到场上，进行最后一次拼抢。队员们帮助他成功地抢到那个球。

17年后在圣玛丽大学体育馆外的停车场，一个电影摄制组正在那儿为一部有关卢迪生平的电影拍外景。

你只要怀有一个梦想，便没有办不到的事。卢迪是幸运的，他及时地抓住了自己的梦想，没有因为别人的打击而放弃。

人生最难做到的是什么？对于这个问题各自有各自的说法。在我们的生活当中有很多人感叹自己怀才不遇；许多人却常常目中无人，骄傲无比；有很多穷人觉得挣钱太过困难，总是为生活所迫而苦苦挣扎；更有无数的赌徒为图一时之痛快，举债一身，无法翻身；更值得深思的是许多亿万富豪，艰苦拼搏挣来的亿万资产在一夜之间，化为乌有；许多贪官污吏甚至身居总统之位，虽然个人财富日进斗金，却不知如何治理社会和国家。

生活中，不管他是普通百姓，还是达观显贵；不管是穷人，还是富人；不管是学生，还是老师；最难做到的是什么事情呢？

其实最难做到的不是如何找工作、不是如何去挣钱、不是如何做官，而是做自己想做的事情。在人的一生中最难做到的，也就是做自己最想做的事情，正所谓“有意栽花花不发，无心插柳柳成荫”，也就是我们的梦想，一个成功的彼岸。

因为梦想，使人们跨越了一个又一个困难，让人们实现了一个又一

个愿望。是它，使得人们能够生活在充满进步的社会，使得人们为实现自己的梦想而去努力。

如今的社会，假如你没有梦想，那么你将无法在这个社会立足。在这个充满竞争的社会当中，梦想让人们要去为了它而努力。作为新时代的青少年，人生更要有梦想，要让梦想托起自己飞翔。

7 永远生活在希望之中

希望是指愿意主动地实现，让生活更美好、更健康、更有活力。每天给自己一个希望，就是给自己一个目标，给自己一点信心。希望是引爆生命潜能的导火线，是激发生命激情的催化剂。每天给自己一个希望，我们将活得生机勃勃，激昂澎湃，这样就没有多余的时间去叹息、去悲哀。

一个人如果心中没有希望，那他的人生便失去了意义。既然活着，就要让希望永存，特别是在困境中更要满怀希望。只有心中满怀希望的人，才会有光明的前途。

§给自己一个希望

一位医生，素以医术高明而著称，但正当他事业达于巅峰时，却发现自己得了咽喉癌——这是他了解的一种病，又是他多年致力研究的方向。和其他人一样，这位医生经历震惊、恐惧、不甘心，以及别人没有的愤怒。他很快又得知自己的生命期限：六个月到一年。经过一番深思，他最终接受了这个事实，而且他的心态也为之一变，他要在有限的时间里，快乐地体验生命，以全新的眼光和爱心去关怀周围的每一个人，每一件事，以期使自己的生命能更充盈、更丰富、更有意义。他变得更加宽容、更加谦和、更懂得珍惜所拥有的一切。对身边的一花一

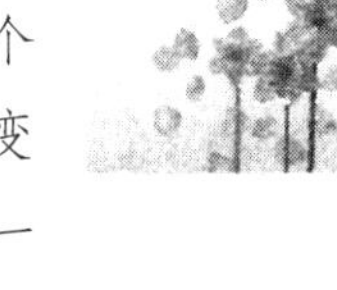

草，都怀着一分温柔；对身边的朋友和家人，甚至对陌生人，都笑颜相对；早上外出运动，他亲切地和别人打招呼问好；在医院，对病人他比以前更加亲切。在日常生活中，他开始每天为家里的盆栽浇水、剪枝。当看到那些植物欣欣向荣地成长，也带给了很大的启示与希望。这也让他发现，原来生命可以这样丰富，而生活竟能以如此小的代价而获得如此多的快乐。

就这样，他平安度过了好几个年头，没有人能知道他还能活多久，有人惊讶于他的事迹，就问他是什么神奇的力量在支撑着他。

这位医生笑盈盈地答道："是希望，每天早晨我都会给自己一个希望，希望我能多救治一个病人，希望我的笑容能多温暖一个人。"

人生的道路上难免会有坎坷，面对生活中的大小困难，如果对自己过分苛刻，那么你的天空只会是灰暗、阴沉的。没有希望，犹如船只在黑暗的大海上行驶没有指明灯，很容易迷失自己的方向，一次失败不代表永远的失败，只要给自己希望，就能从失败中站起来，从而走向成功。

希望是每个人的心灵信仰，是心灵的支票。开过了头就会一无所获。美国作家怀特说："生命中，失败、内疚和悲哀有时会把我们引向绝望，但不必退缩，我们可以爬起来，重新选择生活。"失败不是人生的滑铁卢，尽管你在这里失败了，但是你还可以从其他地方找到成功之路，只不过，首先你必须有勇气能够爬起来。一次失败，并不能给自己判死刑，也不能否定自身存在的价值。给自己希望，就是给自己成功的机会。

在逆境中，只有给自己希望，才能激起追求目标的勇气，支撑鼓励自己继续坚持下去；在绝境中，只有给自己希望，才能够发挥一切让你求生的本能，而不是坐以待毙，屈原放逐乃赋《离骚》，司马迁受宫刑而作《史记》，如果不是他们在死一般的失败面前毫不退却，给了自己希望，中国历史上岂不是就少了一段千古绝唱，一部史书著作？

现实生活中，人可以什么都没有，但唯独不能没有希望。有些人抱怨生活中没有光明，这是因为心中没有希望的缘故。无论在多么艰难的困境中，只要活在希望中，就会看到光明，只有心存希望，才会有奇迹发生。有时虽然希望渺茫，但请相信它永远存在。希望，让我们扬起那生命的风帆，在人生的长途中远航。

人只有抱着希望去生活，才能活得更有意义。希望是主动地创造，而不是消极地期待。希望是生命和生活本身，而不是贪婪。拥有希望的人，总是心怀具体的目标和理想，而非虚幻的空想。如果一个人心中不存有希望，那么生命也就如同一个休止符。

富兰克林说过：“希望是生命的源泉，失去它，生命就会枯萎。”的确，古今中外，那些拥有希望的人，都取得了事业的成功，步入了人生的辉煌。

希望，是人生乐章的音符。希望，是打开困惑的钥匙。给自己一个希望，为人生赢得一份坦然。人生中，当生命的曲线处于低谷时，请不要放弃心中的信念和信心。因为生命中有许多环节一旦放纵，就会走向彻底的消沉。因此，面对现实，面对生活中的每一天，不如每天给自己一个希望，让心中点盏灯，为希望而奋斗，跟着心灵的灯光走。

§永远生活在希望中，人生充满激情

从前，有一老一小两个相依为命的瞎子，每天靠弹琴卖艺来维持生活。一天，老瞎子因为支撑不住所以病倒了。他知道自己不久将离开人世，便把小瞎子叫到床头，紧紧拉着小瞎子的手，吃力地说：“孩子，我这里有个秘方，这个秘方可以使你重见光明。我把它藏在琴里面了，但你千万记住，你必须在弹断第一千根琴弦的时候才能把它取出来，否则，你是不会看见光明的。”小瞎子流着眼泪答应了师父。后来老瞎子含笑离去。

一天又一天，一年又一年，小瞎子始终将师父的遗嘱铭记在心，不停地弹啊弹，将一一根根弹断的琴弦收藏着。当他弹断第一千根琴弦的时候，当年那个弱不禁风的少年小瞎子已到垂暮之年，变成一位饱经沧桑的老者。他按捺不住内心的喜悦，双手颤抖着，慢慢地打开琴盒，取出秘方。

然而，别人告诉他，那是一张白纸，上面什么都没有。泪水滴落在纸上，他笑了。

很明显地可以看出，老瞎子骗了小瞎子。但这位过去的小瞎子如今的老瞎子，被欺骗了为什么反倒笑呢？因为就在他拿出“秘方”的那一

瞬间，突然明白了师父的用心。虽然是一张白纸，但当他从小到老弹断一千根琴弦后，却悟到了这无字秘方的真谛——在希望中活着，才会看到光明。

美国有一家报纸曾刊登了一则园艺所重金征求纯白金盏花的启事，在当地一时引起轰动。高额的奖金让许多人趋之若鹜，但在千姿百态的自然界中，金盏花除了金色的就是棕色的，能培植出白色的，并不是二件容易的事情。所以，许多人在一阵热血沸腾之后，就把那则启事抛到九霄云外去了。

一晃就是20年，一天，那家园艺所意外地收到了一封热情的应征信和一粒纯白金盏花的种子。当天，这件事就不胫而走，引起了轩然大波。

寄种子的原来是一个年逾古稀的老人，而且老人是一个地地道道的爱花人。当她20年前偶然看到那则启事后，便怦然心动。她不顾八个儿女的一致反对，义无反顾地干了下去。她撒下了一些最普通的种子，精心侍弄。一年之后，金盏花开了，她从那些金色的、棕色的花中挑选了一朵颜色最淡的，任其自然枯萎，以取得最好的种子。到了第二年，她又把它种下去。然后，再从这些花中挑选出颜色更淡的花的种子栽种……日复一日，年复一年。终于，在我们今天都知道的那个20年后的一天，她在那片花园中看到一朵金盏花，它不是近乎白色，也并非类似白色，而是如银如雪的白。一个连专家都解决不了的问题，在一个不懂遗传学的老人手中迎刃而解，这真是一个奇迹。

能坚持下去的理由是因为老人心中怀揣着希望，人有了希望，做事才不会盲目，才会有继续做下去的动力。

新东方的一句校训是：在绝望中看到希望，人生从此辉煌。事实上，不单单是成就辉煌，平凡的人生也同样如此。人生可以平庸，但不可以庸俗；可以不成功，但不可以没有追求；可以不断经受绝望的打击，却不可以看不到希望。

青少年朋友们，生命是有限的，但希望是无限的，因此要永远活在希望中。不断将希望变为现实，又不断点燃新的希望，这样的人生才会充满创造的激情。

第八章

志须正，不怕路远怕志短

是雄鹰就应该让自己拥有展翅高飞的志向，是猛虎就应该让自己具备声震山谷的志向，做人也同样如此。在这个世界上，成功只属于那些拥有远大志向的人，那些胸无大志之人永远都不可能走在世界的前列。对于青少年来说，让自己拥有远大的志向更是迈出人生第一步，有了志向才会有奋斗的动力，有了志向才能有搏击的勇气。

1 站得高，方能看得远

高尔基说："一个人努力的目标越高，他的才能就发展得越快。"只有站得高，才能看得远。无论做什么事情，你的态度决定你的高度。鼠目寸光是不可能成就什么大事的。常人对苹果落地都熟视无睹，觉得那没什么，但牛顿对它却敏锐，从而发现了万有引力定律。很多人都认为洗衣机只能用来洗衣服，而海尔公司却改造它帮助农民洗地瓜。

人的认知都是受环境所限制的，人很难超越所处的环境。你只有站在最高处，才能看得更远。

§站得高，才能看得远

汉代一位叫丙吉的宰相，有一次在吴国巡视的路上遇到一群乡民打架，看到有人被打死了，他竟然不予理睬，催促随从快走。

之后，走了不远，看到一头牛在路边不停地大口喘气，却立即叫人停下来向当地百姓仔细调查情况。随从们很不理解，问他："大人，为什么人命关天的大事你不去理会却关心一头牛的性命？"丙吉说："路上打架杀人自有地方官吏去管，不必我过问，否则就是越俎代庖；而在温度不高的天气，牛大口喘气却是一种异常现象，很可能会引发瘟疫等关系民生疾苦的问题，地方官吏和一般人不太注意这些问题，因而正是我宰相要管的事情，所以我要调查清楚。"然后，又吩咐随从说："你赶快去弄些防止瘟疫之类的药材，熬成汤，让众人喝下去。"

果然，没过几天，这个地方就听说有人因为瘟疫而死了。不过幸运的是，宰相发现的比较早，而且早有预防，结果没造成太大的危害。

什么叫作站得高，看得远，什么叫高人一筹？就是别人看不到的时候你先看到，别人想不到的时候你先想到。大量事实证明：只有提高对

事物的敏锐性，才能发现机会，抓住机会；才能提高对事情结果的预见能力，做好各种措施来防范各种突发事件的应对准备。对待事情敏锐性的高低，与一个人的境界和价值取向密切相关，只有站得高才能看得远，故事中的丙吉，如果不是心中装有民生的疾苦，他就观察不到牛喘。气这一异常现象，就不会联想到会有瘟疫发生。对现实中的每个人来说，无论你是经商还是从政，还是一个普通的人，境界的高低决定了你做事情的大小，决定了你眼光的高低。

老子说："为学者日益，为道者日损。损之又损，以至于无为，无为而无不为。"看什么问题，只有拉开了距离，才能看得全面，看得长远，看得清楚。杜甫在一首诗中写道："不识庐山真面目，只缘身在此山中"。人们短视的原因，就是因为执迷于纷繁表象的原因。所以，每当我们对某事或某物迷惑不解的时候，不妨试着暂时把它丢开。

俗话说，站得高，才能看得远。鼠目寸光，肯定不是一个成功人士。要高瞻远瞩，高屋建瓴，未雨绸缪；要有战略眼光，既要把握大势，掌握全局，又要见微知著，明察秋毫，为自己做长远利益的打算。

鼠目寸光难成大事，目光远大可成大器。一个永恒不变的真理："站得高，看得远"。你只有登上高峰才有这样的机会。站得高，看得远。看似简单，但却意蕴深远。现实中，人们往往只为眼前的利益所吸引，或被时下的困难所阻吓。如果一个人站高一点，眼界放宽一点，那么他就可能做出更成熟、更着眼长远的决定，而对解决当前面临的问题也会有更清醒的认识。

§看多远，就能走多远

曾国藩对于体察人情世故非常在行，他认为人常有两种积习：一种是好高骛远，眼高手低，这种人大事做不成，小事不愿做。他形象地称这种人是瞽者，即看不到方向的人。还有一种人是天天忙于身边的琐事，只见树木，不见森林，缺乏远见卓识。这两种人终究难成功。基于此基础上他提出："成大事者必须目光远大，否则就会迷失方向，但必须按目标一步一步走下去，才有成功的可能"。

曾国藩在带领湘军同太平军先后作战十余年，他在军事上经常强调他的部属要从“大处着眼，小处下手”，还经常告诫他们，如李元度、左宗棠，及他弟弟曾国荃等人：治军必须脚踏实地，注意小事，才可步步为赢，步步成功。在曾国藩家书中曾看到这样一件事：曾国藩发现对军队奖罚分明，能够鼓舞军队士气，于是特别要求他弟弟关注制作赏赐将领们的物件、兵器等事情，可见曾国藩在治军上事事关心，明察秋毫，这点上就连他的幕僚们也对他佩服有加。

由此可见，一个人要想成就大事，就必须宏阔与细微兼有，即要有远大规划，也要从具体事情做起，这样才能长期保持自己的优势，才能一步步地走向成功。

一位病人找到眼科大夫：“医生，我不能看报纸。”医生给他检查了一下说：“没关系，你的眼睛近视，配一副眼镜就可以了。”病人惊喜地戴上配好的眼镜，拿起一张报纸来：“医生，我还是不能看报纸。”医生很奇怪，又仔细检查了病人的眼睛：“不可能呀，你真的只是近视而已”。病人回答：“可是我不识字。”

所以，有时是你自己不能区分“看不懂”与“看不见”之间的差别。你的目光投射在哪里，你的注意力也会集中在哪里，因此慎重选择你注视的方向。当你面临人生挫折时，与其费心揣摩，倒不如看看周围自然而新鲜的世界。

曾有这样一个近似于文字游戏的论述：吃葡萄时悲观者从大粒的开始吃，他的心里充满了失望，因为他所吃的每一粒都比上一粒小；而乐观者则从小粒的开始吃，在他的心里充满了快乐，因为他所吃的每一粒都比上一粒大。于是，悲观者便决定学着乐观者的方法吃葡萄，可是还是快乐不起来，因为在他看来，他所吃到的都是最小的一粒。乐观者也想换一种吃法，他从大粒开始吃，仍然感觉良好，因为在他看来他吃到的葡萄都是最大的。

悲观者的眼光与乐观者的眼光完全不一样，悲观者看到的都令他失望，而乐观者看到的都令他快乐。因此有时，我们不妨换一种眼光来看待某事或某物。

有句话说得好：“你能看多远，便能走多远。”眼光决定一个人的

一生，拥有什么样的眼光，也就拥有什么样的人生。一个组织的成长，需要规划，一个人的成长，需要设计。有生涯设计的人，未必肯定成功，没有生涯设计的人，一定很难成功。“过一天算一天”，“做一天和尚，撞一天钟”，只看见鼻尖下边一小块地方的人，现在“不吃香”，以后更“不吃香”。

假如你的眼光独特，那么你一定会获得成功；你眼光狭窄，必然会把，一生带进死胡同；你眼光散漫，人生也就充满了散漫与空虚。相反，你想拥有什么样的人生，也就需要什么样的眼光。幸好，眼光是可以凭自己的努力改变的。

对于一个人来说，富有远见并整体地看待事情具有重要的现实意义。当面临一个不容易做决定的选择，比如找工作，必须从长远的角度来考虑自己的未来。如果斤斤计较于当前的利益，或是因为眼前的困难而踯躅不前，那是不会做出最明智决定的。

不过，目光长远并不等于空谈海市蜃楼，意识到这一点是很重要的。缺乏经验的青少年必须注意，要脚踏实地塑造和追求自己的理想并为之而奋斗，要把自己的目光放远，要相信看多远，就能走多远。

2 心有多大，舞台就有多大

心有多大，舞台就有多大。无论身处何时何地，都不要放弃自己的理想。心指引人生的方向和目标，一个人的思想不能被环境所困扰和约束，环境虽能造就人的品性，但不能改变一个人的意志。不要太在意你头顶上的那层屋檐是高还是低，因为那些都是不是最重要的，重要的是你能不能让自己飞扬在心灵的舞台上，越飞越高。

心有多大舞台就有多大，这是促进一个人成功的理念；只有当你的心里充满了草原，你才有可能坚持去看一看你心里的那个草原。只有心里想到了，才有可能做到。

§心有多大，舞台就有多大

在一个群山起伏，连绵不断的山区里，儿子问父亲："山的那一边是什么？"从来没有踏出过山的父亲告诉儿子："山的那一边是山。"儿子好奇又问道："山的那一边最后是什么呢？"吸着自己做的老烟袋的父亲很肯定地说："还是山！"儿子长这么大以来第一次没有相信父亲说的话。他在心里想着：山的那一边一定不是山。他联想着各种美丽的画面，并且下定决心，将来自己一定要走出这一片林海，去看看山的那一边到底是什么。后来，儿子长大了，于是便背着包袱，尝试走出那一片祖祖辈辈的思想误区。最后他坚持着自己的信念，不辞万苦，终于走出了那一片连绵起伏的山，映入他眼帘的是一片蔚蓝色的大海。

假如那个小孩相信了父亲说的话，他就不可能这辈子见到蔚蓝色的大海。

其实，每个人都有属于自己的舞台，那个舞台就在我们的心中，心有多大，舞台就有多大。要成就自己的梦想，只有寻找自己的用武之地，找到属于自己的舞台，凭着自己将来会成功的信念，不停地变换着自己想要演出的地方，才能逐渐走向成功。在别人的舞台上，你可能永远只能扮演配角，主角永远都不会是你。

人要相信自己，心想多远，就能走到多远，人的潜能是巨大的，就怕不相信自己，当你不相信自己的时候，你的能力就会被埋藏。每一位成功者都是从普通人走向成功的，他们没有三头六臂，智力也和一般人差不多，关键在于他们相信自己，他们敢于梦想，敢于相信自己，时常告诫自己：我可以做到。于是潜能也就被发掘出来了。

一个旅行者来到一个小村落，他穿过一个田园看到一位老者，于是就问："请问我通过这个田园可以去到哪里？"老者回答："我不知道。我只知道通过这里，你可以去到世界上任何一个角落。"

所以，你在哪里并不重要，不要让起点决定你的结果，而是"心有多大，舞台就有多大"，只要你想去哪里，就不要束缚在目前的陷阱里，因为你知道"你可以去到世界上任何一个你想去的地方，只要你愿意"。

一个想要成功的人，不但要有崇高的理想，还要有为理想锲而不舍地脚踏实追求的精神，能够忍受成功前别人的怀疑、讽刺甚至贬斥；忍受成功前的孤独和无名；忍受成功前艰辛困苦的奋斗过程。相信心有多大，舞台就有多大。人生路上，我们要始终怀抱伟大的理想前进，因为未来是我们的，人生掌握在我们自己的手中，掌握在我们的心中。

§思想有多远，我们就能走多远

金晓玲，今年23岁，2003年大学毕业，长沙人，她是一个外表安静，内心火热的姑娘。所学的专业是时装设计，毕业后在北京一家服装贸易公司担任业务员，由于收入不高，所以生活一直处于艰苦与忧愁之中。

2004年2月，一个偶然的机会她接触到智慧网，了解到它全新的赚钱方式。虽然对它的赚钱效果将信将疑，但还是抱着试一试的心态加入了。于是，有了网站她就马上开始宣传工作。朋友、亲戚、网友都是她的宣传对象。一个月后她开始有了自己的第一笔收入，从此便一发不可收拾，经过几个月的努力，目前她的月收入早已超过万元。现在她用这几个月的收入买了一套120平方米的住房用作生活和办公，买了一台红色菠萝车用于走访客户，买了两台电脑用于网络拓展。终于，金晓玲也有了自己的人生大舞台。

一个美丽的山村姑娘，通过不断的努力和拼搏，从农村走到了北京，走到了国际大舞台，实现了自己心中的梦想。所以，只有想到，才能做到，不敢想，就什么也做不到。你的心有多大，你的舞台就会有多大。

要成为一个出色的成功者，首先你要用心去梦想成功；要想创造出巨大的成就，首先在心里就要有大的梦想。拥有伟大梦想的人，就拥有了最强大的力量，那么他也成功了一半，当他以坚定的信念、十足的勇气去冲刺、拼搏时，就会实现自己心中的梦想，他也将是不可阻挡的。正如麦当劳的创始人雷·克拉克曾说过的：“要无限相信，你的全部潜力一定是非凡的，是足以令你成功的。想多大你就会做多大。”

拿破仑说“不想当将军的士兵不是好士兵”，因为一个人只有有

了大的梦想，在心中有了大的舞台，才会付出更多的努力，才会成为一个好舞者，才能创造更大的价值，因而获得更多的回报。天上不会掉馅饼，生活不会毫无缘故地送给你礼物，你付出多少，就会收获多少，你想到多少，就要做出多少。它只为你的所作所为付出报酬。而思想支配着人的行动，你所做的一切都源自你的所想，它们通过你的行动转化为你生活的一部分。

思想是人类所具有最强大的、无所不能的工具，怎么使用这个工具，将是你人生有无成就的关键。思想的格局决定了成功的格局，你的思想格局越大你的成功格局也就越大。一位思想家曾经说过："伟人便是那些领悟出思想能统治世界的人。"是否对未来怀有梦想，决定了一个人怎样看待现实的生活，从而也就决定了他为未来付出怎样的努力。

心中的梦想将我们带入人类所不能到达的世界，向我们展示一个更广大的新世界。在那个世界里，有我们渴望获得的一切。它让我们发现了我们现在的生活是多么地贫乏和无聊，从而激励我们不断地努力奋斗，去求取更好的生活和更新奇的梦想。

"思想有多远，我们就能走多远"，其意义不言自明，在这个充满竞争与挑战的时代，只有有梦想才能发展，有梦想才能赶往成功之路，有信心才能进步。每个人心中都应该有一个舞台，心有多大，舞台就有多大。作为青少年要时刻记得：心中的舞台是发展的动力和求取成功的源泉，大胆务实地确立目标，并坚定不移地实现目标，这是无数人取得成功的法宝，同样也是走向成功彼岸的帆船。

3 敢为天下先

敢是目光深远，是对目标追求的孜孜不倦，是对信念理想的锲而不舍。在很久以前，秦王敢骑马统一天下，夸父敢徒步追逐太阳；在很近的年代，共产党敢用步枪斗大炮，中国敢敞开国门向世界开放。浪花淘

尽英雄，时光在流逝，社会在发展，人类在进步。英雄已逝，但他们所开创的事业是永垂不朽的，他们敢为天下先的气概永远回荡在天地间，激励着后来人勇敢地迎受未来的挑战。

人生如逆水行舟，不进则退。人要有敢于拼搏、敢于竞争第一的精神，才能在人生的画卷上留下一笔亮丽的色彩。在我们的生活中，尤其是青少年朋友，在自己的成长道路上要不甘落后，敢于脱颖而出；在人生旅途中，要敢于冒尖，勇于争当第一，当仁不让。

§敢于争先，创造成功机会

被誉为“上海茶王”的叶石生，是一个来自寿宁山区的汉子，他种过茶，办过厂。可谓是精通茶道，但在他到了大上海之后，竟然像一滴水融进了大海，没了踪影。就在那批茶叶被拒收的当天，他在上海找了不下50家店铺，没人愿意收购它，　自己不得不花9000元钱，租下一间不到45平方米商铺，既当店面，又当住家，每天起早贪黑，推销茶叶。1994年春，他开出了“集茗轩茶庄”，当时他有一个小小的“野心”，不仅要卖出积压的茶叶，更要把寿宁的茶叶、闽东的茶叶卖出去，在上海打响自己的品牌。

曾经有过受骗之痛的叶石生，在商场上特别重信用，求质量，这使得他的茶庄生意红火，在上海站稳了脚跟。两年后，一个很好的发展机会来了，他决定“一搏”。

1995年年底，原先位于大统路的农贸市场，因多种原因导致摊位空置，同时辖区内各种批发市场已基本齐全，唯独没有一家像样的茶叶批发市场，而据权威部门测报，当时上海人均茶叶年消费量达0.9～1公斤，因而工商分局有意要对市场进行改造。叶石生获得信息后，对包括市场周边的交通、客流量、消费群体等进行评估、调查后，揽下了改造市场的重任。

叶石生运用了所有的关系贷到150万元，并全部投入农贸市场的改造与完善。经过半年多的积极筹建，这个占地面积8000平方米、共有150间营业店面的茶叶市场于1996年4月28日开张了。

大统路茶叶批发市场一开业，立刻引起了轰动，几乎全国茶叶主产区的茶商蜂拥而至，不到一个月，所有铺位包租一空。开业半年，60万公斤、价值2100万元的茶叶全部销售一空。目前，这个市场聚集了来自全国产茶基地的上千种知名品牌的茶叶。

叶石生回顾自己走过的艰难历程，很有感慨地说："商场如战场，要敢于冒风险。上海这个地方，我认为，是创业者的乐园。创业有时就得承担风险，但冒险不等于赌博。想起当年我开办茶叶市场举债150万元，如果当时投资失败，就意味着倾家荡产，因此我只能选择背水一战，结果茶叶市场一炮走红。"

成功的花环，往往只垂青于那些"敢为天下先"的勇者。叶石生，这个曾经一文不名、闯荡上海滩的闽东茶农，现在已是身价过亿的上海茶王。他创办的大统路茶叶批发市场，是目前上海市最大的茶叶批发市场，这里经营的茶叶批发量占上海茶叶交易总量的70%，成为媒体发布茶叶市场行情的价格依据。

人生路上，要时常告诉自己永远追求最好的，只有这样才能够帮助你走向富裕的道路，给自己加压才能让自己有行动的动力。

在这个世界上有两种人，一种人宁做鸡头不做凤尾，而另一种人宁做凤尾不做鸡头。

李白是后一种人。他在江湖上浪迹一生的目的只有一个，就是混入朝廷，就算是给唐明皇当个翻译、给杨贵妃当个秘书，他也觉得距离人生目标更近了一步，可以今朝有酒今朝醉了。虽说他已经是一个大人物了，但是他还想让自己的用武之地，所以他宁愿在朝廷再谋取一职，让自己更高人一等。

所以说，只有敢于争先才有生存的机会，敢于争先才会有成功的机会。

§ 敢为天下先，打造不平凡人生

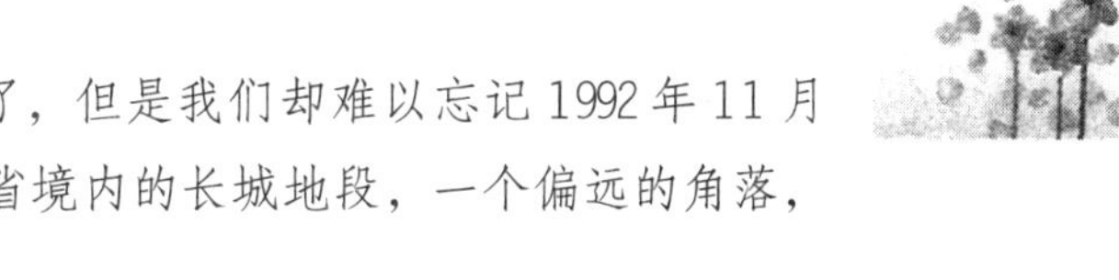

柯受良虽然已经离我们远去了，但是我们却难以忘记1992年11月15日，一个飘雪的日子，在河北省境内的长城地段，一个偏远的角落，

39岁的柯受良跃过了几十米宽的长城。

柯受良飞跃长城有这样一段内幕。作为香港影视界著名的特技演员，柯受良开创了许多世界电影特技技术的新领域。他曾跃过许多被世人看来难以跨越的高山、峡谷、河流，许多被人们视作不可逾越的障碍险境，都被他用勇气和胆量征服了。

长城是世界上最伟大的建筑之一，世界上还没有人成功飞跃长城。柯受良听说一个英国人想成为世界上第一个飞跃长城的人，于是他加快了准备工作，提前进入飞跃长城的角色。

那天，他成功飞跃长城后，有人问他：“柯先生，您现在是一种什么样的感觉？”

柯受良说：“第一个飞跃长城的人，终于是我们中国人。”

50余米的凌空跨越，这需要多么大的勇气和胆量。柯受良甘冒这么大的风险去跨越长城，得到的只是“敢为天下先”的赞誉，的确不可思议。

人与人的区别，往往决定于他们对事物的不同认识和对价值的不同判断。在有些人看来，柯受良驾驶摩托车跨越长城，是一场没有必要的冒险，是心血来潮的游戏。他们认为这一跨一越，只是个人争强好胜。

柯受良跨越的宽度为58.85米，吉尼斯世界纪录记载了这个创举。尽管这个世界纪录，与政治、经济、社会、文化没什么直接联系，也没有创造直接的经济财富。但是，当吉尼斯世界纪录记载下中国人第一次飞跃长城的时刻，历史也把中国人的胆魄和能力与伟大的长城一起载入史册。这是高层次的精神创造，创造的是一种精神财富，而创造独特精神财富的人将被历史和世人永远地记住。

柯受良“敢为天下先”的勇气，创造了名垂青史的人物，同时也创造了永恒的历史。冒险精神如果仅停留在思想和理论中，那只是空幻的激情。

敢为天下先，才能闯出一条成功之路，进而创造不凡的人生。处于成长期的青少年朋友们，要想让自己的人生之路更加成功，那么就要从现在做起，做任何事情都要敢于抢先一步，这样，便能为自己打造一个美好的将来，打造一个不平凡的人生。

4 成功源于自信

往往，一个从未被他人所打败的人，打败他的恰恰是他自己。人生路上，要想成就大事，就必须充分地相信自己，相信自己有着成功的潜力。

只有相信自己，才能对自己所从事的事业充满力量。相信自己，便是伟大成功的源泉，不论才干大小，天资高低，成功都取决于坚定的自信力。相信能做成的事，一定能够成功。反之，不相信能做成的事，那就绝对不会成功。

§自信——成功的突破口

有一位年轻人在大学里上学，有一天，他突然发现，大学的教育制度有许多弊端，便马上向校长提出。他的意见没有被接受，于是他决定自己办一所大学，自己当校长来消除这些弊端。

但是办学校至少要100万美元，上哪里去找这么多钱呢？等毕业后去挣，那太遥远了。于是，他每天都在寝室内冥思苦想如何可能有100万美元。同学们都认为他有神经病，做梦天上掉下钱来。但年轻人不以为然，他坚信自己可以筹到这些钱。

终于有一天，他想到了一个办法，他打电话到报社，说他明天举行一个演讲，题目叫《如果我有100万美元怎么办》。第二天他的演讲吸引了许多商界人士参加。面对台下诸多成功人士，他在台上全心全意，发自内心地说出了自己的、构想。最后演讲完毕，一个叫菲利普·亚莫的商人站起来，说："小伙子，你讲得非常好。我决定给你100万，就照你说的办。"

就这样，年轻人用这笔钱办了亚莫理工学院，也就是现在著名的伊

利诺理工学院的前身，而这个年轻人就是后来备受人们爱戴的哲学家、教育家冈索勒斯。

相信菲利普·亚莫之所以会愿意出资，看中的就是冈萦勒斯的自信，是他的自信征服了菲利普·亚莫的心。其实，生活中做什么事，信心很重要，付诸行动也很重要。有人说，敢想就成功了一半，那另一半就是去做。这样，你就一定会成功。假如没有自信，行动也就无从谈起。

自信，是成功的突破口；自信，是人们成就伟业的先导；自信，是对自己能力的充分估量；自信，是对自我实力的高度认可；自信，是一种来自心底的无形力量。有了自信，就没有渡不过的难关、没有越不过的沟壑。

自信是一种无形却极为有力的力量。当你遇到险峰挑战时，使你奋发向上；当你生活遇到困难时，让你看见胜利的彼岸；当你想放弃的时候，它让你把对明天的憧憬写进心灵的底稿；当你遥望漫漫长路时，告诉你“路是人走出来的”这样一种人生信条。

坚强的自信，是成功的无尽源泉。一个人所能取得的成就，不可能超出他的自信所达到的高度。一个平凡的人，如果他有非常顽强的自信心，那么他在不久的将来一定可以干出一番惊天动地的业绩。

可以说，拥有了自信，在一切挫折面前都将永不言败。自信，可以使一个人从平常走到辉煌；自信，可以使一个人从绝望看到希望；自信，可以使一个人从暗淡走向光芒；自信，是一个人事业成功的保障。

§相信自己，走向成功

罗纳德·里根是美国第49任总统，他就是一个充满自信的人，在成为总统之前，他只是一个很普通的演员，但他立志要当总统，并相信自己一定可以成为总统。

从22岁到54岁，里根一直在文艺圈中，对于从政完全是陌生的，更没有什么经验可谈，这可以说是个拦路虎。但当机会到来时，共和党内的保守派和一些富豪们竭力怂恿他竞选加州州长时，里根毅然决定放

弃大半辈子赖以为生的原职业，坚决地投入到从政生涯中。结果大家都清楚，里根成为美国第49任总统。

只要对自己充满自信，就会精力充沛，豪情万丈，活得有滋有味。如果我们都觉得自己萎靡不振，一事无成，可以想象这种生活是什么样子。胸无大志，自认为是多余的人，甚至自暴自弃，破罐子破摔，这等于是精神自杀，这样的人也就不可能会有所成就。

拿破仑亲率军队作战时，他的军队战斗力会增强一倍。原因是，军队的战斗力在很大程度上基于士兵们对于统帅的敬仰。如果统帅抱着怀疑、犹豫的态度，便会使全军混乱。在此，拿破仑的自信与坚强，使他统率的每个士兵都增加了战斗力。

一个人的成就，绝对不会超出他自信所能达到的高度。如果拿破仑在率领军队越过阿尔卑斯山的时候，只是坐着说："前面是一座山，难以跨越的高山。"那么，军队就很难鼓起勇气前行。所以，无论做什么事，坚定不移的自信力，都是达到成功所必需的和最重要的因素。

有一次，一个士兵骑马给拿破仑送信，由于马跑的速度太快，在到达目的地时猛跌了一跤，那马就此一命呜呼。拿破仑接到了信后，立刻写了封回信，交给那个士兵，吩咐士兵骑着自己的马，快速把回信送去。

那个士兵看到那匹强壮的骏马，身上装饰得无比华丽，便对拿破仑说："不，将军，我只是一个平庸的士兵，实在不配骑这匹强壮的战马。"

拿破仑回答道："世上没有一样东西，是法兰西士兵所不配享有的。"

世界上不乏像这个法国士兵一样的人。他们总是以为自己的地位太低微，别人的种种幸福，是不属于他们的，以为他们是不配享有的，以为他们是不能与那些大人物相提并论的。这种自卑的观念，往往成为不求上进、自甘堕落的主要原因。

有许多人这样想：世界上最美好的东西，不是他们这一辈子所应享有的。他们认为，生活中的一切快乐，都是留给一些命运的宠儿来享受的。有了这种自卑的心理后，当然就不会有出人头地的观念。许多青年

男女，本来可以做成大事、立大业，但实际上竟只做小事，过着平庸的生活，原因就在于他们自暴自弃，他们没有远大的理想，不具备坚定的自信。

所以说，一个人如果不相信自己能做那些从未做过的事，他绝对做不成。只有领悟到这一点，不依赖于他人的帮助，不断努力，才能成为杰出人物。所以，青少年在自己以后的人生旅途中一定要有坚强的意志，要相信自己，相信自己有着无穷的潜力。

5 树立远大理想，迈向成功

在人的一生中，理想对于每一个人来说都是极其重要的。望天下之大，不管是哪一个伟人，只要是有成就者，做任何事情无不是先树立伟大的理想。华罗庚是我国著名的数学家、教育家、社会活动家，他在跨出人生第一步的时候就立下了自学成才，奋发向上，为人类造福的豪言壮语。他是第一个发现美洲大陆的哥伦布，他也是在一开始就许下“长大要成为一位有名的航海家”的诺言。

远大的理想是你伟大的目标。仅仅拥有理想，你不一定能成功；但如果没有理想，成功对你而言就无从谈起。如果做事情没有理想，没有目标，并不付出实际行动，那么其结果会是怎样的呢？有人说过：“没有理想的人生，不叫真正的人生。”

§理想——人生奋斗之目标

在美国，有一个黑人女孩，由于肤色的关系，她到处受到白人的排斥，受尽了白人的冷眼与嘲笑。不仅如此，她还不能在白人的餐馆里用餐；买衣服时甚至被白人拒绝试穿；在学校里，没有一个白人学生愿意与她做朋友，就连白人老师也都瞧不起她，更不要说像关心白人学生那

样关心她，这些都让她倍感羞辱。自尊心很强的她立志有一天要在白人面前找回黑人的尊严，因为她知道黑人并不比白人差。有了这个目标与信念后，她以超乎常人的辛苦与努力发愤学习，暗自在心底里与白人做着斗争，不断地增长自己的知识与才干。普通美国白人只会讲英语，她则除母语外还精通俄语、法语、西班牙语。26岁的时候，她已经是斯坦福大学最年轻的教授，随后又出任斯坦福大学历史上最年轻的教务长，而与她同龄的美国白人可能连研究生都还没有读完。最终，她终于实现了自己的梦想，走进白宫，成为全球第一强权美国的首位黑人女国务卿，权力之大，受信任之深，丝毫不输任何一位知名男性国务卿。她就是著名的莱斯。

之后，莱斯说，她在十岁那年就萌生了得到平等对待的想法。一次，父母带着她到首都华盛顿游览。但是因为肤色，他们只能站在宾州大道的白宫栏栅外，不能进入参观。三人看着那座举世知名的建筑物，徘徊良久。最后，莱斯平静地对爸爸说："爸爸，总有一天，我一定会进去的。"从那个时候开始，她就有了为之奋斗一生的目标。二十五年后，她成功地进去了，担任老布什总统的首席苏联事务顾问，每天在白宫里工作十四小时，经历了德国统一、冷战结束等历史时刻。之后还担任小布什总统的国家安全顾问。

莱斯通过努力不但得到了平等，还赢得了白人的尊重，成了白人心目中的偶像，但这一切的一切都应追溯到最初的理想。如果当初，她没有定下那个伟大的理想，可能永远都只能是黑人窑里不知名的一员。

莱斯的成功并不是一次偶然，是理想在她的心中种下了成功的种子，经过浇灌，理想开始萌芽生长，最终长成浓密的绿荫，而她的名字也将永远镌刻在历史的铁柱上。可以说，是理想引领她步入成功的殿堂。

在漫长的人生当中，理想是人生的指示灯。人生有了理想，也就有了面对一切困难、挫折的勇气和动力。人生失去了理想，也就失去了目标和方向，失去了持续前进的动力。只有坚持远大的人生理想，才不会在人生的海洋中迷失方向。越是在竞争和诱惑日益巨大的今天，执着于自己的理想和追求，越变得更加重要和珍贵。若青春没有了理想，那将

无法承载我们的未来。

青少年应该努力成为一个有丰富情感的人，一个热爱生活的人，一个勇于面对挑战的人，一个不随波逐流的人，更要成为一个有目标、有理想的有志青年。

§树立远大理想，成功之路奠定基础

人们爱戴的周恩来总理，他一生为国为民鞠躬尽瘁，死而后已。他在青少年时代，就富有革命理想，立志为兴我中华而读书。

1910年夏，12岁的周恩来，跟随伯父到东北奉天，先在铁岭银岗书院读了半年书，后来，转入奉天关东模范学堂读书。有一次，老师提出“为什么读书”的问题，要同学们回答。当老师问到周恩来时，他站起来响亮而严肃地回答说：“为中华崛起而读书。”充分表达了少年周恩来要为祖国独立富强而发奋学习的宏伟志向。

1912年10月，关东模范学堂隆重举行建校两周年纪念会。当时，14岁的周恩来感慨万分，挥笔写了一篇《关东模范学校第二周年纪念日感言》的作文。他在文中明确写道：“学生读书应以担负‘国家将来艰巨之责任’为己任。”

后来，周恩来转到天津南开中学读书。他和同学们发起组织“敬业乐群会”。在会刊《敬业》上，他发表了许多诗篇和文章。其中有一首诗写道：“险夷不变应尝胆，道义争担敢息肩？”抒发了他忧国忧民和发愤图强的情怀，表达了他立志革命到底的崇高理想。

1917年，19岁的周恩来，为了寻求救国救民的真理，远涉重洋到日本留学。临行时赠给同学一首诗写道：“大江歌罢掉头东，邃富群科济世穷。面壁十年图破壁，难酬蹈海亦英雄。”表示他决心钻研社会科学，挽救国家的危亡，以古人那种“面壁十年”的刻苦精神，来改造当时的社会，即使壮志难酬，蹈海而死，也不愧为中华儿女，充分表现了他年青时代的远大抱负。正因为他青年时的这个抱负和远大理想，帮他成就了后来的伟大事业。

可是，远大的理想是成功的基础。俄国思想家车尔尼雪夫斯基曾经

说：“一个没有受到献身的热情所鼓舞的人，永远不会做出什么伟大的事情来。”的确，如果一个人没有理想，就等于他没有灵魂，只剩下一个躯壳了，没有理想就没有动力，而崇高的职业理想则是引领人们奋然前行的旗帜和号角，也是引领人们奔向成功的钥匙。

翻开史册，你便会很惊奇地发现，自古以来，凡是在事业上有所成就的人必定是青少年时代就胸怀大志的。著名作家蒲松龄落第后，他决心一定要干一番事业，他还写下了一幅这样的对联：“有志者，事竟成，破釜沉舟，百二秦关终属楚；苦心人，天不负，卧薪尝胆，三千越甲可吞吴”。他是这样写的，也这么做了，最后他终于完成了传世名著《聊斋志异》。

理想是石，敲出星星之火；理想是火，点燃熄灭的灯；理想是灯，照亮夜行的路；理想是路，引你走到黎明。理想开花，桃李要结甜果；理想抽芽，榆杨会有浓荫。

一个具有远大理想的人，同时也会具有坚定不移的决心、信心和毅力，在困难面前不动摇、不退缩、不迷失方向。通常，理想远大的青少年都会有较强的成就动机，其积极性、自觉性、主动性、意志力都较强，因而，学习成绩、工作业绩也相对优异。相反，不考虑自己将来做什么工作，没有想过要在工作必有怎样突破的人，没有明确目标的人，表现在学习与工作上是消极被动、敷衍应付的，成绩也多不理想。

古人有云：“志不强者智不达”现代人流行说：“我的未来不是梦。”任何时候，其实要表达的都是一个意思，也就是说要有远大的理想，这是人生的真谛，也是踏向成功的第一步。因为只有树立了崇高的理想，远大的抱负，你才有可能成就伟大的事业。可以说，理想一旦确定了，你就成功了一半，这就好像要远航的帆船有了宽大结实的风帆，不管途中风再大浪再高，只要坚持心中不灭的信念，它总会带领你驶向成功的彼岸。有翅膀的鸟儿不一定能飞，但没有翅膀的鸟儿就注定以地为归宿。理想为成功加上了一双翅膀，可以使你展翅高飞，尽情翱翔，寻找属于自己的那片蓝天。

因此，青少年朋友们要从小树立自己的远大理想，为自己的成功之路奠定一个良好的基础。

6 忍辱方可成大业

在如此纷繁复杂的大千世界，芸芸众生，迥然而又各异。一个人生活在社会中，就不可避免要同其他个体发生千差万别、千丝万缕的关系。事物之间总是要相互制约的，一个人在社会中同样不能够随心所欲，无拘无束。而一个人要想成就一番事业，名垂青史，就必须吃常人不能吃的苦，流常人不能流的汗，忍常人不能忍之忍，其归根结底，就是人生怎样运用好这个“忍”字。

事实上，能忍的人并不是懦夫，反之，是有力量的，忍是勇敢的；忍也是一种定力，一种牺牲，你能培养这种定力、牺牲的精神，对于修养品德才会有增长，未来的弘法事业才能成功。

§忍常人所不能忍

他出身微贱，家境贫寒，小的时候曾乞食于漂母，受辱于胯下，长大以后他成为秦汉一代名将，刘邦得天下，军事上全依靠他。这个人就是秦末汉初杰出的军事家韩信。

他年轻的时候父母双亡，家里很穷，经常遭人羞辱。韩信没有什么谋生的本事，他只好常常到别人家里去蹭饭吃，所以别人都很讨厌他。有一次，韩信在淮阴城下的河里钓鱼充饥，几个大娘在河边洗衣服。有一位大娘见韩信饿了，很可怜他，就送给他东西吃。后来，那位大娘经常给韩信饭吃。

韩信很感激她，说：“大娘，有一天我发达了，一定会好好报答您！”

大娘听了很生气，说：“你不能养活自己，我看着你可怜，才给你吃的，难道我是贪图你将来报答我吗？”

有一个屠夫，一向看不起韩信，还常常对别人说：“你们别瞧这家伙长着那么大的个子，又好舞刀弄剑，其实他胆子小着呢！”

韩信从街上过的时候，屠夫立即跳出来挡住他，叫道：“韩信！你如果有胆不怕死的话，你就给我一刀；你要是怕死，就从我裤裆底下钻过去！”

他很久没有说话。看着屠夫那副趾高气扬的样子，他伏下身子，慢慢地从屠夫的裤裆下面钻了过去。从此以后大街上的所有人都笑话韩信，认为他胆子太小，不是个男子汉。

后来，人人都知道，韩信为刘邦平定天下立下了汗马功劳。他之所以甘心受这样的屈辱，不是因为他没有血性，而是他想干一番大事业，那么就要保全自己。

韩信受胯下之辱，成了人们常用它来比喻那些为了干大事而甘愿受一时屈辱的人。

现实生活中需要我们忍耐的事情有很多，要想成功就必须学会忍耐和克制。有句名言叫“小不忍则乱大谋”，意思也就是说遇到事情要好好考虑清楚，不能只图眼前的痛快和利益。

曾国藩在中国的历史上是一个最受争议的人物，他作为镇压太平天国的湘军首领，被一些人称为清末第一名臣，中国封建社会中最后一位官场的楷模。也有人贬斥他是“汉奸”“卖国贼”。更有人说他是中国历史上最会忍的一位封建官吏，是“忍经”之模范，一代逆境成功大师。当然也会有人说他“阴险狡诈”“以杀为善”。

但他在他的长期做官时间里，总结出了三句至理名言，“打脱牙和血吞”“居官以忍耐为第一要义”“养活一团春意思，撑起两根穷骨头”。第一句是说：当人生遭受巨大的打击时，要能够默默地忍受，以等到希望的出现。第二句是说：做官一定要以忍耐来自我约束，以防止浮躁而铸成大错。第三句是说：做人做事要有骨气，任何时候都要耐得住寂寞，而不放弃希望。

曾国藩一生的传奇经历就是一个忍的长期过程。据说清朝曾国藩对于人有三种不同的评价，他说：“第一等人有本事，却没脾气，第二等人本事有，但脾气也有，第三等人本事不大，脾气却不小。”他所说的

脾气不就是一个忍的问题吗？

三句至理名言，无论是从人生、官场还是生活的角度都体现了曾国藩的“忍”术，是亲身的体验，也是关于他一生经验的总结。正是因为如此，他才以“忍”字立世，他一再告诫自己和幕僚，盛世当作衰时想，要把逆境当顺境。为人处世要用谦和赢得人缘，切莫得意忘形。并将“忍耐”作为人生第一要义，处处运用和遵守，终于成就内圣外王之伟业。

曾国藩的一生，是忍的一生，也是一个忍的过程。就因为他的忍，成就了中国历史上名臣中的一员。

能忍的人，才是能干大事的人。由于忍耐，意志得到了磨炼；由于信念，意志才得以刚强，所以雅各才说：“信心经过试验就生忍耐”。

在生活中与人相处，发生矛盾，产生误会和摩擦都是在所难免的，在这种情况下我们就是要做到忍，提倡忍。如果先把它强制为一种习惯，再逐渐升华为高层次上的修养，到那时你会看到它不仅有利于你的事业成功，还有利于你的身心健康。而从整体来讲，如果所有的人都认识到忍的意义并从自身做起做到它，那我们的这个社会一定会更加和谐而美好。

一个伟人的成功不是一朝一夕获得的，必须能忍常人所不能忍，容常人所不能容，受常人所不能受的苦，才能成功。

§忍一时之忍，方能成大事

黄武元年，刘备因忌恨东吴而斩杀掉了关羽，从而率兵进犯东吴，孙权又封陆逊为大都督率兵抗敌。陆逊因谋略过人，调度有方，最终，大胜于蜀军，使得刘备败退到了白帝城。

在开始之时，陆逊为大都督在抵抗刘备来犯的时候，其身边的将领大多都是孙策时代的旧臣名将，有的是王公贵族。他们骄傲自负，大都不听从陆逊的调遣。陆逊按着宝剑说道：“刘备天下闻名，连曹操也惧他三分，今率兵犯境，实则是强敌压境啊！诸君共享国恩，当团结一心，共同抗敌，才可报国恩。现在大家不能团结一心，听从调令，实在太不应该了。我虽一介书生，但承蒙受主上宏恩当此大任。国家之所以让诸君听命于我，是因为我还有一点可以称道的优点，就是能忍辱负重罢了。现在各负其责，岂能推辞，军令如山，不可违犯啊！”

陆逊正是因为自己处事谨慎，才谋超群，能够做到忍辱负重，如此良好的风范成了三国时的一代名将，从而为后人所称颂。

忍辱负重，对于做大事之人来说，它是成就事业所必须应具备的基本素质。孟子说：“天将降大任于斯人也，必先苦其心志，劳其筋骨，饿其体肤，困乏其身……”。能在各种困境中忍受屈辱是一种能力，更是一种本领。小不忍则乱大谋，凡成就大业者莫非如此。

忍是一种宽广博大的胸怀，忍是一种包容一切的气概。忍讲究的是策略，体现的是智慧。“弓过盈则弯，刀至刚则断”，能忍者追求的是大智大谋，绝不做头脑发热的莽夫。

每个人在其自己的一生当中，根本就不可能任何事情都是一帆风顺的，总会遇到各种各样的困难与挫折，不管是来自外界的，还是自身的，都在所难免。一个真正想有所成就的人，必然不会为一时一事的顺利与阻碍为念，也不会为一时的成败所困扰，而是去奋发图强，艰苦奋斗，成就功业。“忍一时风平浪静，退一步海阔天空”。为了长远的考虑，何必要去计较一时之长短呢？

然而，这里所讲的“忍”并不意味着就是怯懦，同时也不意味着无能。从本质上来说，忍是强者的涵养，不能忍才正表现出弱者的无奈。

“苦心人，天不负，卧薪尝胆，三千越甲可吞吴。”越王勾践败到为吴王夫差驾车的地步，他却能够做到忍辱负重，复兴国家，以使他们打败吴国，雄霸一方。从这里可以看出：善于忍耐，在该出手的时候当仁不让，才能够很容易通向成功。

俗话说：“宰相肚里能撑船。”肚皮窄狭，不能容忍，那是不配做宰相的。忍是修身养性的前提，忍是安身立命的最好法宝，忍是众生和谐的祥瑞，忍是成就大业的利器，忍是生财致富的妙门……忍一时风平浪静，退一步海阔天空。为了长远的考虑，何必计较一时、一事之长短？又有什么不能忍的呢？

总而言之，一个人一定要学会忍，只有做到了忍一时之愤，才能

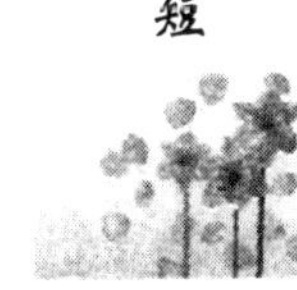

够真正地干出一番大事业。青少年朋友也如此，不管是在学习、生活还是工作中，都要学会忍，只有这样，才能为自己打造出一条成功之路。

7 志当存高远

诸葛亮曾说过："志当存高远。"是的，怀有远大志向是事业成功最重要一步，对于青少年来说，此时正是树立远大志向的好机会。为什么一定要具有远大的志向呢？因为"无志无以成学，无学无以成才"。只有怀有远大的志向，人们才会有前进的动力，才会有勇往直前的勇气，才会有无往不胜的信念，才会取得一个又一个不可思议的进步。

喷泉的高度永远也不会超过它的源头，同样一个人的成就也永远不会超过他的志向，即使我们无法看得到、摸得到它，但是却能够借着它的清辉在漆黑的大海里航行，而不迷失方向。但如果不努力，不付出艰苦的劳动，就一定不会成功。所以成功是百分之一的理想加上百分之九十九的努力。只有树立远大理想的人才会成功，因为他心中有前进的动力。

§ 高远志向，实现人生价值

作为21世纪的青少年，应该存在高远的志向，不仅为了实现自己的抱负而不断奋斗，贡献自己的力量，更为了实现人生的价值。

一位年轻的妈妈正在厨房里洗碗，她十岁的儿子正在后院里玩耍，忽然她听到了一阵"咚咚"的跳跃声，便对他喊道："你在干什么呢？"儿子稚嫩地回答说："妈妈，我要跳到月球上去。"妈妈听了并没有做出一副吃惊的样子，或是不屑一顾的表情，而是关切地说："好，但是不要忘记回家呀！"后来，这个小孩长大后，成了世界上第一人登上月

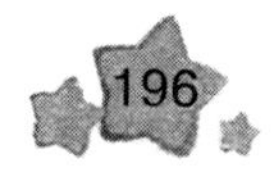

球的人，他就是美国著名的宇航员阿姆斯特朗。

由此可以看出，一个远大的志向对于成年后的人生的重要性。当然，也许有人会说，阿姆斯特朗的成功只是一个偶然甚至是一个巧合，和他小时候的志向没有关系。那么，下面的一项调查也许更能够说明这一个问题。英国的研究人员曾经做过一项长达30余年的调查，他们针对上万名英国人进行跟踪调查，被调查的对象为11岁左右的孩子，研究人员让他们在纸上写下自己对未来的展望，然后封存起来，直到他们42岁的时候再开启。结果发现，具有远大志向的孩子，长大以后的人生更容易成功。在11岁时便有专业技术职业抱负的孩子当中，约有一半的人在42岁的时候从事这类职业，而没有此类抱负的孩子，这个比例只占有20%。

遥想当年，多少伟人的成功不是建立在年少时远大的志向之上呢？孙中山在读私塾时，就立下宏伟的志向“推翻丧权辱国的腐败清廷”；敬爱的周总理，在上小学的时候就立志要为“为中华之崛起而读书”；伟大的领袖毛泽东，年轻的时候外出读书，曾写了一首诗给父亲，正恰如其分地表达了自己的抱负：“孩儿立志出乡关，学不成名誓不还。埋骨何须桑梓地，人生无处不青山。”这样的例子在古今中外可谓举不胜举，经历了重重的困难，经过了不懈的努力奋斗，他们都实现了自己年少时的伟大志向，成了让后人永远铭记的一代伟人。

§燕雀安知鸿鹄之志

陈胜年轻时候，就是个有志气的人。有一天，陈胜和他的伙伴们在地头歇晌，陈胜又诉起苦来了。之后，他慷慨激昂地对大伙儿说：“苟富贵，无相忘。”大伙儿听了好笑，说：“你给人家卖力气种地，打哪儿来的富贵？”陈胜长长地叹一口气说：“唉，燕雀怎么会懂得鸿雁的志向呢！”陈胜的杰出之处，就在于他率先看到了这种贫贱、富贵的不平，并勇敢地提出了改变这种不平现状的要求。此时，改变命运的决心犹如一团烈火在陈胜胸中燃烧。事实上，不久之后，他便以实际行动向人们证明了自己的豪言壮语。

公元前209年，为防守边疆，秦二世大规模征兵，在河南各县征集了900个壮丁，陈胜和吴广两人被指定为队长。他们和其他900名穷苦农民在两名秦吏押送下，　日夜兼程赶往渔阳。当行至蕲县大泽乡时，遇到连天大雨，道路被洪水阻断，无法通行。这场雨一直下了20多天，严重耽误了壮丁队伍的行程。从宿县到密云，迢迢三千里，在规定的期限内，是无论如何也赶不到了。雨不停地下着，没有一点要停下来的迹象，大伙都急得像热锅上的蚂蚁，不知道怎么办才好。因为按照秦的酷律规定，凡所征戍边兵丁，不按时到达指定地点者，是要一律处斩的。于是，陈胜便一不做二不休，干脆揭竿而起，成为中国历史上农民起义的第一位领袖。

陈胜起义后，响者云集，陈胜、吴广带着起义军从大泽乡出发，一举攻克蕲县。接着，陈胜派葛婴带领一支队伍，攻下了蕲县以东的五座县城。很快把起义的火种带到了自己的家乡中原大地。从军者由起义初期的900人扩展到数万人。接着又攻克了陈州，在陈州成立了以陈胜为首的政权，国号“张楚”。

尽管陈胜领导的农民起义并没有取得实质性的胜利，但他们却给当时的秦王朝造成了沉重的打击，其影响力之广泛堪称广泛。这一切，都与当初陈胜的远大志向有着密切关系那么，究竟是什么样的志向才算是“高远”呢？高远的志向是指目光远大，能洞察社会发展的大趋势，预见到历史前进的大方向，符合发展趋势、顺应前进方向的志向。不以物喜，不以己悲，遇艰难而不退缩，遭挫折而不气馁，终于能够成就一番大事业。远大的志向，能够让人具有高瞻远瞩的观察能力，具备远见卓识的分析能力。

多少人在人潮汹涌的世界上白白地挤了一生，却从来不知何去何从。究竟如何才能在人海茫茫的世界里找到自身的价值呢？其实很简单：从树立一个远大的志向开始！同时还需要具有努力、拼搏和奋斗的志向，不然志向就会变成空想。即使经过努力之后你并没有如愿以偿地成功，但相信你的人生会因此而变得灿烂而充实。

8 不要给自己设限

一个渔夫钓了半天鱼，傍晚准备回家的时候，他做出了一个令人不解的举动，那就是把钓到的大鱼放回水中，只留下小鱼。旁边的人不明白他为什么这么做，问何故，他说道："因为家里只有小锅，放不下大鱼。"渔夫的回答实在是可笑之极，没有大锅难道就没有别的办法了吗？在心理学上，这种现象被称为"心理设限"。

自我设限是一种较为严重的心理误区，具有这种心理的人往往过分地贬低自己的才能，认为别人是不可超越的，从而使得自己不敢涉足一些原本可以涉足的领域。在现实生活中，就有许多喜欢为自己设限的人，如在追求目标的过程中，如果几个回合下来，没有达到自己预期的成效，就会产生"我不行""我根本不是做这件事的料"等消极想法。一个人如果总是给自己设限，那么无形当中就仿佛真的给自己套上了一副枷锁，不能放开手脚去做事。

§"自我设限"是失败的第一步

有人这样说过，人类的悲哀不在于他们不去努力奋斗，而是在他们总是爱给自己定下许多的条条框框，而这些条条框框大大地限制了他们想象的空间、创造的潜能和奋进的范围。

科学家曾经做过一个非常著名的试验，他们将一只十分凶猛的鲨鱼和一群热带鱼放在同一个池子，但是在它们中间用了一块透明的玻璃板隔着。刚开始，鲨鱼看到热带鱼时，急于想将它们变成自己的腹中之物，于是就每天不停地冲撞那块透明的玻璃，它哪里知道这只是徒劳的呢？实验人员每天都会拿来一些鲫鱼来喂鲨鱼，它并不缺少食物，但是它总想去到对面，尝一尝对面的美味佳肴。接下来的时间里，鲨鱼仍然

不断地冲撞那块玻璃板，它几乎试过了玻璃上的每个部位，每一次都是用尽全力，可是每次都把自己撞得伤痕累累。每当玻璃上出现一些裂痕时，实验人员就会马上换一块更厚的玻璃。

后来，鲨鱼对于对面的食物渐渐失去了兴趣，它不再去撞玻璃板，它开始等着每天固定投喂的鲫鱼，好像回到海中呈现它那不可一世的凶狠霸气。但是这一切，只不过是一种假象而已。到了试验的最后阶段，实验人员将玻璃取了出来，但是鲨鱼依然没有任何反应，它只是在自己固定的区域里游着，放弃了之前的追逐。实验结束了，实验人员讥笑这条鲨鱼是海里最懦弱的鱼。

的确，鲨鱼是极为可笑的，因为一试再试却没有成功，就放弃了最后的努力，即使它的面前什么也没有，有的只是可以手到擒来的美味。不过，人们在嘲笑鲨鱼的时候，是不是也应该自省一下呢？在现实生活中，不是有很多像鲨鱼这样的人吗？遇到了一些困难和挫折时，他们没有斗志昂扬地奋斗到底，而是选择了放弃，这样的人最终注定了会碌碌无为。

为何不再试一试呢？你上一次没有成功，并不代表这次也不会成功，你在南方运气不佳，并不意味着北方同样也是一败涂地。不是吗？成功已经近在咫尺了，只要你再努力一下，将会看到“柳暗花明”的新景色。

§成功始于“自我解限”

宋朝著名的禅师大慧，门下有一个弟子道谦。道谦参禅多年，但是仍然无法开悟。一天晚上，他诚恳地向师兄宗元诉说自己的烦恼，并想请求师兄的帮忙。宗元听了他的话说道：“如果我可以帮你的忙，那我当然非常乐意，只不过有三件事情我的确无能为力，你必须依靠自己的力量去完成。”道谦连忙向师兄请教是哪三件事情，宗元回答说：“当你的肚子感到饥饿口渴时，我不可能帮助你去吃饭，也不可能帮你喝水，你必须自己饮食；当你想要大小便时，我更是一点忙也帮不上，你只能靠你自己；最后，除了你自己，任何人都无法驮着你的身子在路上走。”道谦听后，心里顿时豁然开朗，快乐无比，他意识了自己原来也拥有很多力量，很多事情别人是无法帮自己完成的。

是的，没有人能够帮助你，只有自己才是最可靠的帮手。有人曾说过，你生命中唯一的限制，就是你头脑中给自己的限制。道谦不就是这样一个人吗？可当他受到师兄的启发以后，开始明白：其实人的潜能是很多的，只要你愿意，就有无限的潜力可以发掘。你可以张扬生命的活力，尽情释放自己的才华，可以让自己的生命绽放纯美的华彩。放眼望天下，伟人与天才并不是天生的，他们与常人最大的不同在于：他们敢于追求、敢于超越，不会因为别人的技高一筹或是挖苦讽刺而降低自己的目标，或是打击自己的信心。他们不会轻易地改变自己的决定，除非经过自己的实践后确实行不通的。

实际上，很多人在认为自己不行的时候，往往就隐藏着成功的苗头。所谓的“不行”，只是自己给自己画的一条线而已，只要你再努力一下，只要换一种思考方式，就能够看到胜利的曙光，就会发现原来困难也不过如此。中国不是有句古话叫：“行百里者半九十”吗？如果你想获得成功，就不能为自己设限，如果你已经为自己设限，那么就必须鼓起勇气去冲破限制。

成功，应该首先始于一个人的意愿。当一个人失去了生活的动力，甚至是万念俱灰时，不论旁人如何为他鼓劲，结果都是“无药可救”的，你不愿成功，谁拿你也没办法；但如果一个人有了“不达目的誓不罢休”的念头儿时，不论周围有多少的反对声，他们也会“上刀山下火海”，在所不惜，你想成功，谁都阻挡不了。

第九章

志须坚，长风破浪会有时

成功永远属于具有崇高理想、坚定信念的艰苦奋斗的人。

意志坚定能使得人的生命力最大限度地飞扬，挥洒，败也败出动人心魄的辉煌。而为人，成就一番这般的败绩，也不虚此生。对于青少年来说，既然所有的比赛，所有的竞争，只有极少的胜出者，既然社会上的绝大多数，注定要做普通人、穷人或者小康人，我们与其着眼意志对美好结局的作用，不如关注在它的导引下，使生命的质量与人格得到升华。

1 让自己的志向不可阻挡

伟大的政治家曹操曾说“老骥伏枥，志在千里；烈士暮年，壮心不已。”

古今中外，凡是有作为对人类社会进步有大贡献的人，无不注重人生志向、崇高理想和远大目标。如果一个人没有远大理想，就会迷失前进的方向，就会失去人生内在的前进动力，青春就将枯萎、衰退，生命也会黯淡无光。

俗话说：“有志者，事竟成。”这里的志，是大志，是雄心壮志，是崇高的理想。有人说：人生志向决定人一生的成功顶峰，意思就是说理想与目标决定一个人成功的大小。

在人生的道路上，每个人都有自己的志向、追求、目标和理想。但不同的人，所立的志向、所抱的理想各有不同。有个人成名之志，有小家庭温饱之志，有发大财之志，有追求个人享受之志，有心怀天下的鸿鹄之志。诸葛亮说：“志当存高远。”崇高的理想可以激发人的才智，激励人们奋发向上。

§ 人要有志

一个衣衫褴褛、神情萎靡、不时地打着哈欠的年轻人，孤独地倚着一棵大树晒太阳。一位智者从此路过，好奇地问他：“年轻人，如此美好的时光，你不去做应该做的事情，岂不辜负了这大好的时光？”这个年轻人叹了口气说：“在这个世界上，除去我的身体以外，没有什么是我的了，每天晒晒太阳就是我要做的所有事情了。”

“尔没有家？”

“没有。与其承担家庭的负累，不如干脆没有。”

“没有朋友？”

“没有。与其得到还会失去，不如干脆没有朋友。”

“不想去赚钱？”

“不想。千金得来还复去，何必劳心费神动躯体。”

“噢 ”智者若有所思，“看来我得赶快帮你找根绳子。”

“ 绳子？做什么？”年轻人好奇地问。

“帮你自缢！”

“自缢？你叫我死？”年轻人惊呆了。

“对啊，人生有生就有死，与其生了还要死，还不如不生呢。你的存在，本身就是多余，自缢而死，不是正符合你的逻辑吗？”

人活着是为了希望与未来，志在于人的思想和人生方向的确定。志包括了人的意志和方向。如果一个人失去了希望，失去了志向，也就等于失去了一切。与其没有理想、没有目标、行尸走肉地活着，不如有希望、有精神、有志向地活着，同样是活着，为什么不去选择一种更好的生活方式呢？

热爱生活吧，没有志向的人如同行尸走肉，没有志向的人生犹如没有罗盘而航行的船只，理想是人生的太阳，幸福与快乐才是真正的人生！

著名的成功学家卡耐基认为，立志是一个人踏入学习大门的开始，勤于学习是登堂入室的旅程，这旅程的尽头就是成功。因此，立志是成功的前提和关键。有多大的志向，就会有多大的成就。没有什么是想不到的，只有做不到。一个人有什么样的志向，很可能就会有什么样的未来。

§志在势不可挡

闻名于世的司马光警示自己的志。以前是个很贪玩贪睡的孩子，就因为如此他没少受老师的责骂和同伴的嘲弄。在先生老师的谆谆教诲下，他决心要改掉自己贪睡的坏毛病，为了早早地起床，他在每次睡觉前就喝了满满的一肚子的水，结果早上没有被憋醒，反而尿床了于是聪

明的司马光用圆的木头做了一个警枕，噪声只要一翻身，头就自然滑落在床板上，就能把自己惊醒。从此他每天就早早地起床读书，坚忍不拔，终于成了一个名副其实的大文人，写出了《资治通鉴》的文章。

看来，在现实社会中，志是不容易被阻挡的，有志的人，其知道自己人生的价值。司马光就是因为心中立下志向，从此改掉贪睡的坏习惯，努力学习，才让自己拥有了一个美好的人生，才流芳百世。

"有志不在千里，但无志却判若一世。"意思就是说，志向是千里都要值得去追寻的，但是没有志向的却像离开了人的一世一样。

人生的志向犹如一盏长明灯，照亮着你人生成功的道路；犹如一首感人肺腑的乐曲；犹如一杯甘醇的清泉，激励着每个人勇往直前、永不言败。志向是不能被阻挡的，漫漫人生路上，没有人能去阻止一个人的志向，一旦你有了志向，就会一发不可收拾，勇往直前，奔向自己的志向去努力，去完成人生的奋斗的目标。

人生的志向犹如大海中航行的指南针，有了人生的指南，志向就以自己的迅猛去试图到达胜利的彼岸。

人生志向犹如航海中的指南，有了指南，才能更准确地到达胜利的彼岸。少年的周总理胸怀大志——为中华崛起而读书，一语惊人，震撼人心。他将自己折成一只"船"，不怕风雨的洗礼，不怕恶浪的袭击，不怕条件的恶劣，不怕旅程的曲折，坚忍不拔地朝着一个目标不断地奋斗，使中国国力提高，国民强大，达到他理想的彼岸——中国人民能从水深火热中解脱出来。他伟大的领袖形象永远在人们心中。"千淘万漉虽辛苦，吹尽狂沙始到金"是他的真实写照。

竺可桢在早年就写下自己的人生志向："我将一生学好科学，以科学来唤醒中华，振兴中华"。之后，他就为之不停地努力拼搏，最终，他在气象学等领域取得了非凡的成就。

桥梁专家茅以升在小时候就确立了自己的志向，有一次，他听到因桥梁崩塌而造成许多人死亡，就立志要做一名出色的桥梁建筑专家，以后要建造坚固而实用的大桥。因为有了志向，他也就有了为之努力为之奋斗的方向，因此，他最终成为一名有名气的桥梁大师，实现了自己的人生志向，南京长江大桥就是他人生志向最好的见证。

人生因有志向奋斗才能充满意义与色彩，无论色彩是暗淡或鲜亮，你的人生不再是空的。人一旦有了志向做导向，为了实现价值与目标，就会不惜一切去实现自己的志向，实现自己的人生价值。带着人生志向去放逐生命，追逐人生中的七色“彩虹”，相信你一定可以拥有一个多彩的人生。开启人生志向的每一片扉页，把精彩动人的经历留给自己，留给别人。

有人生志向做养料，生命才是一朵常开不败的花，演绎人生真谛，铸造成人生成功的宝石，生命的存在才会有更新更深的意义。只要我们确立好自己的志向，认准方向，朝着目标，高扬人生志向导航之帆，远扬人生航程，乘风破浪，抵达实现人生志向的海岸，展现人生风采，迎接灿烂辉煌的明天。

2 坚定意志，迈向成功

苏东坡曾说：“古之成大事者，不唯有超世之才，亦必有坚忍不拔之志。”可见意志是一个人品质结构重要组成部分，是一个人的主观能动性、积极性的集中表现。一个人只有拥有坚硬的意志，才能在面对困难和挫折时坚持不懈，持之以恒。

正所谓天将降大任于斯人也，必先苦其心志，劳其筋骨，饿其体肤，而这些也只有意志坚定的人才能忍受，即使是失败了，也始终满怀信心，坚持不渝。同样，作为青少年也要从古人的身上学到生命的真谛，乃至学习及做事的道理。

§坚定意志，成就希望

有一个头脑简单、四肢发达的小男孩，在他很小的时候，父亲就去世了，留下他与体弱多病的母亲相依为命。但庆幸的是她的母亲是一位

很有见识之人，她并没有因为孩子很笨而抛弃他，而是用自己的方式强迫磨炼他坚强的意志，让他从小就养成自己的事自己拿主意的习惯。可在外人眼里，这却是个任性、固执、暴力的孩子，不被人所喜欢，但他的母亲总是笑笑说：“没关系，虽然现在他看起来有点固执任性，但坚强意志终会对他有好处的。”由于母亲长期的训练，长大后的孩子不管做什么事都是精力充沛从不会感到疲倦，而且不管做什么事都不会半途而废，每件事都能聚精会神地去做，虽然会比别人花费更长的时间。

终于他凭借自己顽强的意志力成为一个酿酒公司的经理，对于工作，他总是尽量事事查问，使公司的生意空前兴隆。他在母亲的要求下，即使工作再忙，每天晚上也会坚持自学，他研究英国的有关法律，每读一本书，如果不能将看到的知识融会贯通熟练运用，他就不会放下这本书。终于有一天，他有幸跻身于英国议会工作。

从他懂事起，他就目睹也亲身经历了奴隶制度和奴隶贸易对人不公平的待遇，在进入英国议会之后，他就决定把彻底解放奴隶的问题当作自己人生的奋斗目标。而在当时，对于解决存在几千年的奴隶制度，不仅要与传统势力斗争，还要与贵族斗争，是常人想都不敢想的问题。但他从小就养成不达目的誓不罢休的性格，终于在他丰富法律知识和坚持不懈，持之以恒意志力的帮助下，他做到了，成功了。

他就是英国著名的政治家福韦尔·柏克斯顿爵士，他把自己的成功归功于“在一定时期不遗余力地做一件事儿。他坚信《圣经》的训诫：“无论你做什么，你都要竭尽全力！”他曾说：“人与人之间，弱者与强者之间，小人物与大人物之间最大的差异就在于意志力，即所向无敌的决心，一个目标一旦确定，那么不在奋斗中死亡，就要在奋斗中成功。具备了这种品质，你就能做成在这个世界上可以做的任何事情。”

生活中，很多青少年，一旦自己的愿望和要求不能被实现，或遇到困难与打击，他们就会精神萎靡不振，或唯唯诺诺，急剧退缩。其实，对于成功，与其说是才能，还不如说是否有坚定不移的意志力，是否有不懈的奋斗和百折不挠的拼搏。

不难发现，那些对奋斗目标用心不专、左右摇摆，对琐碎的工作总是寻找遁词，懈怠逃避的人，注定是要失败的。成功与失败的分水岭就

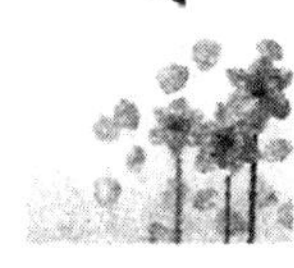

在于意志力的强弱差异：成功者常常是意志力坚强的人；失败者常常是意志力薄弱的人。因此，青少年有必要培养自己的意志力，从而获得更大的动力之源，成就自己多彩的希望。

§用意志力实现人生价值

“我不想永远留在床上，因为这样会被世界遗弃。”这是一位因车祸而断了颈部中枢神经，导致她全身瘫痪的残障硕士生梁子微说过的话。经过十三年，她终于在四十多岁时穿上了硕士生的毕业礼服。

十三年前的梁子微，可谓是事业蒸蒸日上，在公司工作了短短六年就被提升为百货公司部门主管。一天，她和好友一起上街，不想灾难却发生了。她们出了车祸，梁子微的颈部中枢神经断了，致使她除了头部可以移动外，四肢都瘫痪了。在她了解情况得知自己以后要过着这种生不如死的日子后，曾有过自杀的念头，但最后还是放弃了，因为她从小就看不起自杀的人。之后，她开始努力让自己接受现实，后来她就劝勉一些因一点小挫折就想放弃生命的人，慢慢地，她觉得自己的心情越来越好，而且一根手指头也能动了，这更加坚定她好好活下去的信心。为了不和社会脱节，她用自己顽强的意志力自学知识，并获得硕士学位。

作为一名青少年，在日常的学习和生活中，不管做什么事，坚定的意志力是必不可少的。虽然有许多事情我们不能顺利地完成，但如果我们能坚持到最后，能够全力以赴，就会受益匪浅。

其实，每个人的行动都是由自身的意志力决定的，意志力是一个人性格特征的核心力量，是人行动的驱动器，是人各种努力的灵魂。顽强的意志就像人生旅途中的成功指南，有时候能助你一臂之力；有时候，能促使你渡过难关。

意志力能使人在胜利面前控制骄傲的情绪；在失败面前把握心理的天平，并以一种坚持不懈，持之以恒的心态去改变现状。当意志力强盛的时候，人的决断很少会出差错，因为，你的信念决定你的行动；而当你出现差错时，意志力又会迫使你进行自我检查，改变道路，让你更快乐的接受成功。所以说，青少年朋友一旦确定自己的追求目标，就要有坚忍不拔的决心去行动，全力以赴地做好每一件事情，才能实现自己的价值。

3 穷且益坚，不坠青云之志

对于一部分青少年而言，或许没有华美的服饰，没有宽敞的住房，没有山珍海味……有的只是泥土的芬芳，野地的雀跃，高山的俊朗……或许他们不是温室的花朵，并不能充满着光和热；他们只能被称得上是山间的泥泞，道路旁的狗尾草。然而，又有谁能说贫困不是福？

或许有些青少年曾经有过失去双亲的哀痛，有过生活艰难的压抑，有过对人生的彷徨……但是他们依然充满着对未来的希望，充溢着用知识改变命运的斗志，毕竟他们深深知道：穷且益坚，不坠青云之志。

§人穷志不短

王盼盼是浙江大学的一名学生，她每晚不是在教室自习就是在实验室做实验，每次总是到晚上宿舍楼关门时才恋恋不舍地回宿舍睡觉。

“盼盼是个勤俭节约的好女孩，但是在学习方面，她从来都不会吝啬，她总是用节省的零钱来买各种各样的书籍或资料，因此，她时常在学习上胜人一筹。”她的室友经常这样夸奖她。虽然家境贫困，但盼盼却是一个十分自信的女孩，不仅学习用功，而且积极参加院系组织的各种活动，进入大学后，她不仅多次获得学校的奖学金，在奥数赛上拿过奖，还多次刷新学校运动会的各项纪录。

人穷志不能短，在现实生活中，犹如王盼盼的学生还有不计其数，他们深知求学机会来之不易，于是便倍加珍惜。虽然“吃饭不能上馆子，出门不能打出租，衣服不能穿名牌”，经济基础远远落后于他人，但他们坚信：天道酬勤，命运掌握在自己手中。

在不断的生活中，一部分青少年因忍受不了家庭贫困而造成思想、生活方面的压力，产生厌学情绪，整日萎靡不振。“三百六十行，行行出状元。”不论你在哪个行业里，只要敢于打拼，终有一天能够获得成功。兴趣是最好的老师，我们应该一步一步平稳地向目标迈进，而不是由于一些客观原因而阻碍自己的发展。既不能在安逸舒适的环境中泯灭人生，又不能在艰辛困窘面前跪拜人生。“穷且益坚，不坠青云之志”应是每一个青少年所具备的素质。

其实，贫困是一所最好的大学，青少年们，不要因为贫困而自卑，不要因为贫困而堕落。贫困不仅是努力拼搏的动力，更是坚强的催化剂。文王拘，而演《周易》；仲尼厄，而作《春秋》；屈原放逐，乃赋《离骚》；左丘失明，厥有《国语》。而我们应该尽心尽力改写狗尾草的命运，创造笑傲苍穹的大树。

§不坠青云之志

罗伯特·安德罗·米利肯是美国著名物理学家，他毕生努力奋斗，取得了卓越的成就。

米利肯是一个穷孩子。他兄弟姐妹一共六人，他排行第二。父亲是公理会的一个穷传教士，收入十分有限，家境相当拮据，但是他的父亲时常对他们说道：“贫穷并不可怕，可怕的是没有志气。”这句话深深扎根在小米利肯的心中。

他从小从不计较吃和穿，养成了艰苦奋斗的好习惯。与此同时，父亲用很大的工夫培养了他热爱科学、热爱学习的志趣，使他从小便对大自然的种种现象产生了强烈的，好奇心与求知欲。在八岁那年，米利肯听说某家电话公司要举办展览会，于是他就决定自己动手制作一个电话装置。他用硬纸做成两个纸筒，在底面糊上纸，然后用棉纱线当导线穿好，便在100米之内与邻居小朋友玩起打电话的游戏来。

就这样，米利肯对学习科学知识的兴趣越来越浓，求知欲越来越旺盛。在大学阶段，他爱上了物理学科，毕业后留校任物理教师。为了使自己能够成为一名深厚功底的物理学家，他先后分别到哥伦比亚大学与

芝加哥大学进行深造，后来又到德国柏林进行考察研究，最终回国全力以赴从事教学与科研工作。

虽然在极其艰苦的环境下，米利肯还是千方百计广泛接触当时著名的物理学家，以不知疲倦孜孜以求与吃苦耐劳的精神而赢得了成功。

俗话说："穷人的孩子早当家。"的确如此，换而言之也就是说，"穷人的孩子多成才。""自古英雄多磨难，从来纨绔少伟男"，"成人不自在，自在不成人。"对那些出生在不富裕，甚至相当贫困的家庭中的青少年而言，只要他们能够树立正确的志向、理想与人生追求，往往能够有所作为。

人穷不能志短，人穷也可以拥有大志。不计其数的先驱与伟人曾在这方面为我们树立了很好的榜样，秦末农民起义领袖陈胜、吴广，原本只是失去自由的囚徒，却发出"王侯将相，宁有种乎"的呼吁，最后在中国历史上留下了光辉的一笔。美国独立战争时期的领导人林肯，曾经只是依靠擦皮鞋糊口的穷小子，正是由于其从小拥有远大抱负，而最终成为美国历史上最伟大的人物之一。除此之外，古今中外不计其数的富豪也是出身寒门，赤手空拳而打天下的，譬如：日本著名企业家松下幸之助，中国香港的爱国实业家李嘉诚、中国台湾的著名实业家王永庆等等。他们的一个共同特征就是：不甘于受命运的摆布，. 把摆脱贫穷作为自己的奋斗目标。

因此，贫穷是相对的，青少年应该做到：穷且益坚，不坠青云之志。

4 坚忍不拔之志成就梦想

志是世界上最坚定的东西，没有了志，人将像草木一样，无法存生，当然也跟社会一样。如果志不能实现，那么人生将会变得暗淡无光。古人成就大事毫不缺乏坚忍不拔之志。所以，坚持坚忍不拔之志，

成就我们的梦想。

“一日一钱，千日千钱，绳锯木断，水滴石穿。”都是坚忍不拔的结果。

坚忍不拔的精神并不是与生俱来的，它是理想之树接出的果实。坚持是要靠毅力的，只有伟大的目标才可能产生伟大的毅力。没有正确人生目标的生活是可悲的，没有伟大理想和目标的行动只是盲目的蛮干。理想是坚持的动力。

§志的最高境界——坚忍不拔

一名英国科学家为证实蚊子是疟疾的传播媒介，日复一日的和蚊子打交道。1893年的一天，他在显微镜下看了8个小时，眼睛酸痛，视力模糊，外加天气炎热，蚊虫叮咬，观察难以继续。可是他定了定神，继续观察工作。最后的胜利，往往就在坚持一下的努力之中。就在他感觉最疲惫的时候，突然他发现在两只蚊子身上，有前所未有的细而圆的细胞，与疟疾寄生虫的色素一模一样。就这样他获得了胜利。

如此可见，只有坚忍不拔的人才能最终能胜利地完成自己的任务，把应该做的事情做好。这个事例中就是科学家具备了志的最高境界，他认为自己的实验是至关重要的，为了证实自己的结论，锲而不舍，坚忍不拔。

一个人活在世上，志在于吃苦耐劳。能吃苦耐劳的人，其坚持的意志是可歌可泣的。但是不能吃苦耐劳的人则是万般皆为囚下鬼。有志之人吃苦耐劳的例子很多：著名的书法家王羲之洗笔的千缸墨；黄永玉画的万张荷花稿；“只要功夫深，铁杵磨成针”。事实证明：无论是那一方面的成功，都需要“坚持”。荀子曾有过“锲而舍之，朽木不折；锲而不舍，金石可镂”和“骐骥一跃，不能十步，驽马十驾，功在不舍”的名句。

被誉为“史家之绝唱，无韵之离骚”的我国著作——《史记》的作者司马迁就是屡受挫折，甚至在遭受了腐刑后仍发奋撰写此书，给后人留下了一笔宝贵的文化遗产。试问，为什么司马迁能在潮湿、黑暗的

天牢中能够洋洋洒洒万千字，而义无反顾呢？因为在他的心中，有一个理想，有一份责任，有一种信念，支撑着他一步步走过来。他相信只要自己坚持，总会达到心中的目标。凡事总会碰到大小不同的失败和挫折，只要坚持下去，便会有胜利的一丝曙光，正因为司马迁坚信了“坚持就是胜利”这一规律，所以他成功了！

滴水穿石，集腋成裘。坚忍不拔，可以磨炼你的意志，让个人的意志变得更坚定无比，因此，青少年朋友，请记住，闪耀着无数成功的光环是需要有坚忍不拔的意志的。

§坚持，即为胜利

波兰著名的化学家居里夫人，曾经为了研究放射性物质——镭，自己身患眼病、肾病、脑病等疾病，但是却是坚忍不拔，继续自己的实验，毫不松懈对科学的追求，没日没夜地进行化学实验。终于经过自己的努力，发现了放射性物质——镭，获得了诺贝尔化学奖项。但是却为医学治疗奉献了自己的一生，最后因为恶性贫血病而逝世。

这就是伟大的人坚忍不拔的意志体现，为了自己的事业，为了科学，宁愿奉献自己的一生。那种坚忍不拔的意志是值得我们去学习的。

一个人成功，是需要有坚忍不拔意志的。

有这样一个“蚂蚁爬墙的故事”。“滚落下来”，“第六次失败”，“又从原处艰难的爬上去”。这种百折不挠的精神，在小小的蚂蚁身上得到了充分的体现。但是，在通往成功的道路上，会有很多的弯道，所以需要我们去认准自己的方向，坚忍不拔，学会在自己人生的方向上做到坚定自我。青少年朋友，你们的学习生活又何尝不是如此呢？当你们做题时，往往是遇到困难的，令人头疼的都放弃不做了，去做那些简单的题。那是不行的。在学习与生活的过程中，需要具有小蚂蚁这种百折不挠的精神，不断地调整好自己的心态，学会坚定，把持住自己的意志，在坚持中找到自我。

也许你会问：“为什么我坚持了却没有胜利呢？”这其实并不难，关键在于你是否长期坚持了呢？这就是哲学家们所谓的“人对事物的认识

过程，需要多次不断地摸索。”“骐骥一跃，不能十步；驽马十驾，功在不舍”就是这个道理，“功到自然成”，你如果只坚持三天，五天，一个月，两个月，当然是无法做到“水滴石穿，绳锯木断”而到达胜利的彼岸。

在古老的东方，挑选小公牛到竞技场格斗有一定的程序。它们被带进场地，向手持长矛的斗牛士攻击，裁判以它受戮后再向斗牛士进攻的次数多寡来评定这只公牛的勇敢程度。所以，为了对自己的人生负责，我们要对自己这样说：我不是为了失败才来到这个世界上的，我的血管里也没有失败的血液在流动；我不是任人鞭打的羔羊，我是猛狮，不与羊群为伍。我不想听失意者的哭泣，抱怨者的牢骚，这是羊群中的瘟疫，我不能被它传染，失败者的屠宰场不是我命运的归宿。

法国启蒙思想家布封曾说过：“天才就是长期的坚忍不拔。”我国著名数学家华罗庚也曾说：“治学问，做研究工作，必须坚忍不拔。”的确，无论我们做什么事，想要取得成功，坚忍不拔的毅力和持之以恒的精神都是不可缺少的。

青少年朋友们，你应把每天的奋斗当作像对参天大树的一次砍击，头几刀可能了无痕迹。每一击看似微不足道，然而，累积起来，巨树终会倒下。这恰如今天的努力。就像冲洗高山的雨滴，吞噬猛虎的蚂蚁，照亮大地的星辰，建起金字塔的奴隶，也要一砖一瓦地建造起自己的城堡，因为我深知水滴石穿的道理，只要持之以恒，什么都可以做到。

当困难绊住你成功的脚步时，当失败挫伤你进取雄心的时候，当负担压得你喘不过气的时候，不要退缩，不要放弃，不要裹足不前，一定要坚持下去，因为只有坚忍不拔才能通向成功。

生命的奖赏远在旅途终点。而非起点附近。我们不知道要走多少步才能达到目标，踏上第一千步的时候，仍然可能遭到失败。但成功就藏在拐角后面，除非拐了弯，我们永远不知道还有多远。再前进一步，如果没有用，就再向前一步。事实上，每次进步一点点并不太难。

现在的社会，处处存在着机遇和挑战，作为新时代的青少年，将肩负祖国伟大的重任，因此，更应该学会坚忍不拔，坚持刻苦学习，坚持磨炼自己的意志，才能不断地美化自我，使自己的理想得到实现。

5 精卫衔微木，将以填沧海

相传，太阳神炎帝的小女儿去东海边游玩，不慎掉进大海淹死了，她死后，灵魂化作一只小鸟，叫作“精卫”，花头、白嘴、红足，长得活泼可爱，她被悲恨无情的海涛毁灭了自己，又想到别人也可能会被夺走年轻的生命，因此不断地从西山衔来一条条小树枝、一颗颗小石头，丢进海里，想要把大海填平。

她无休止地往来飞翔于西山和东海之间。精卫锲而不舍的精神，善良的愿望，宏伟的志向，受到人们的尊敬。晋代诗人陶渊明在诗中写道：“精卫衔微木，将以填沧海”，热烈赞扬精卫小鸟敢于向大海抗争的悲壮战斗精神。后世人们也常常以“精卫填海”比喻志士仁人所从事的艰巨卓越的事业。

§锲而不舍，金石可镂

有一天某个农夫的一头驴子，不小心掉进一口枯井里，农夫绞尽脑汁想办法救出驴子，但几个小时过去了，驴子还在井里痛苦地哀号着。

最后，这位农夫决定放弃，他想这头驴子年纪大了，不值得大费周章去把它救出来，不过无论如何，这口井还是得填起来。于是农夫便请来左邻右舍帮忙一起将井中的驴子埋了，以免除它的痛苦。

农夫的邻居们人手一把铲子，开始将泥土铲进枯井中。当这头驴子了解到自己的处境时，刚开始哭得很凄惨。但出人意料的是，一会儿之后这头驴子就安静下来了。

农夫好奇地探头往井底一看，出现在眼前的景象令他大吃一惊：当铲进井里的泥土落在驴子的背部时，驴子的反应令人称奇——它将泥土

抖落在一旁，然后站到铲进的泥土堆上！就这样，驴子将大家铲倒在牝身上的泥土全数抖落在井底，然后再站上去。很快地，这只驴子便得意地上升到井口，然后在众人惊讶的表情中快步地跑开了！

事实上，现实生活中所遭遇的种种困难挫折就是加诸我们身上的泥沙；然而，换个角度看，它们也是一块块的垫脚石，只要你锲而不舍地将它们抖落掉，然后站上去，那么即使是掉落到最深的井，我们也能安然地脱困。

本来看似要活埋驴子的举动，由于驴子处理厄境的态度不同，实际上却帮助了它，这也是改变命运的要素之一。如果我们以肯定、沉着稳重的态度面对困境，助力往往就潜藏在困境中。一切都决定于我们自己，学习放下一切得失，勇往直前迈向理想。我们应该不断地建立信心、希望和无条件的爱，这些都是帮助我们从生命中的枯井脱困并找到自己的工具。

人生就像一座大厦，成功就位于大厦的顶层，而这座大厦是没有电梯的。想要到达成功的高度，没有任何捷径可走，唯有经过坚持不懈的努力和攀登才能实现最终的目标。

求学与工作莫不如此。古人有云：“书山有路勤为径，学海无涯苦作舟。”这一个“勤”字，一个“苦”字，足以概括所有成就大事的必经过程。一时勤奋，吃一时苦，是无济于事的，还须要有锲而不舍、百折不挠的精神，坚持到底的人才可能成为最终的胜利者。

“锲而不舍，金石可镂”。巍巍泰山，只要一步步不断攀登，终能登上顶峰。孔子成为大学问家，因为他“韦编三绝”，贵在不舍：王羲之成为大书法家，也由于他勤练不辍，竟使清池成墨池。这些锲而不舍而成大业的人，可说是不胜枚举。

锲而不舍之所以可贵，在于矢志不渝。一个人立下了大志，就得付诸行动；反过来说，为了实现自己的志向而奋斗，那么，就能孜孜不倦，锲而不舍。其次，锲而不舍，正体现了坚毅顽强的精神。学习，生活都不会一帆风顺，都会遇到不同的挫折。面对困难，当然是迎面而上，即使失败，也不气馁，继续前进，这就是锲而不舍的精神！

§锲而不舍，直面挫折

有一个农场主他在巡视他的谷仓时，一不小心把自己的金表给掉在了谷仓里了。于是他就在农场门口贴了一张告示，如果谁能帮他找到金表，将得到一百美金的奖励。告示贴出去以后，有许多人都来到谷仓，寻找这块金表。可是谷仓里的谷物太多了，要想找到这块金表真是太难了。几百个人在这个偌大的谷仓里找了一整天，还是没有找到。等到太阳快落山的时候，所有的人，除了一个小男孩以外，都失望地离开了谷仓，因为他们已经完全失去了信心，都放弃了一百美元的诱惑。只有那个小男孩，穿着一件破衣服，在大家都离开以后，仍不死心，努力地寻找着。天越来越黑了，小男孩仍在寻找着。突然，在喧闹声静下来以后，他听到一个很清晰的声音在“嘀嗒，嘀嗒”地响着。小男孩便顿时停了下来，谷仓里越是更加的寂静，嘀嗒的声音就更加的清晰，于是，小男孩儿循着声音找到了那只金表，最终获得了那一百美元的奖励。

故事的寓意是什么意思呢？其实，它意在告诉人们成功的法则是很简单的，那就是锲而不舍，在挫折中要勇敢地站起来。

虽然这个法则很简单，但为什么在现实社会中成功的人却少之又少呢？原因是：大多数人认为这些法则太简单，而不屑于坚持去做，执着追求，所以，他们不会成功。其实，成功就好像谷仓内的金表，早已存在于我们的周围，散布于人生的每个角落，只要执着地寻找，我们就会听到它那清晰的嘀嗒声。所以，无论你现在从事的是什么样的工作，做自己的事业也好，为别人打工也罢，只要你明白成功的基本法则，确定目标，执着地去做，在挫折中依然能够勇敢地站起来，那么就一定能到达成功的彼岸。

在我们的身边，有许多锲而不舍，执着追求目标的成功者。人终生地奋斗，锲而不舍，所执着的只是一种态度，一种对自己以及对世界的态度。其实，要出类拔萃，就必须具备职业、敬业方面的精神。它的真正含义是为自己心中的目标，也就是愿景，进行锲而不舍的追求，脚踏实地，一步一个脚印地付出一番努力。

追求卓越，往往与人的性格有关，它是一种内在的东西，自我的锻炼依然是非常的重要。可以看到，我们以不畏艰险的敬业精神，影响并推动自己所从事事业的发展，对于工作任务不计得失、不怕困难、积极采取行动，全心全意地工作，高效地完成任务，将这种敬业精神渗透于每一一项任务当中，坚忍不拔，我们就会积累到成功。

《荀子·劝学》中有这样一句话："锲而舍之，朽木不折；锲而不舍，金石可镂……"在生活中，当我们发现时间如白驹过隙一般从我们身边溜走，当我们发现自己青春不再时，我们只知道发出"老大徒伤悲"的感慨，还是积聚力量奋力一搏？苍鹰在临死之前都能昂首的展翅最后一次搏击，动物也是如此，何况人呢？

所以，人生要具有"目标精神"，要有大胆创新精神，敢于承担责任，确定人生目标后，就应突发野劲，在事业的道路上奋力拼搏、锲而不舍、执着追求，即使有再大的困难我们也要面对这些挫折，勇敢地面对它，让自己从中站起来取得最后的成功。

成功有时候犹如一位性格乖张、脾气捉摸不透的老人，但只要你具有锲而不舍的勇气和耐力及永不言败的精神和智慧的话，你就能最大限度地博取他人的青睐，取得人生的成功。

马克思的才能是惊人的，因为他在学习上有持之以恒的精神。他认为："只有在科学的崎岖道路上勇于攀登的人，才有希望达到光辉的顶点。"在世界上，这样的精神可以说是无处不在的。每个成功人士的背后必定有一段辛酸的历程……

事实告诉我们，只有把想和做结合起来，脚踏实地，坚持不懈，才能获得成功。

光辉的目标，伟大的胜利正是从我们自己的脚下开始的。如果一个人在事业上没有"锲而不舍"的精神，试问他怎么会有"金石可镂"的壮举呢？生活就是这样公正，胜利只属于那些刻苦努力，持之以恒执着追求的人。

6 不懈地追求，不半途而废

志向和追求，可以给人以勇气、毅力和意志。志向和追求，可以给人以人格力量，使人自强不息，即使遭遇到困难、障碍，也不会犹豫，不会动摇，不会半途而废。我们只有树立了崇高的志向，加上不懈的追求，就一定能够达到自己的目的。成功来自不懈地追求，那些半途而废的人看到别人的成功而后悔不已。

§切忌半途而废

战国时期，魏国有这么一个叫乐羊子的人。他的妻子是一个非常贤惠的女子。有一天，乐羊子在回家的路上捡到一块金子，心里很高兴。回到家里，他就把这件事情告诉了妻子，并把金子拿给妻子看。他的妻子看了看金子，又看了看乐羊子，然后温和地对他说："我从前听人说'壮士不饮盗泉之水；廉洁的人不食嗟来之食'。路上捡来的金子，怎么能拿回家来呢？"乐羊子听了妻子的话，非常的感动，所以就把那块金子又扔到了原来的地方。

第二年，乐羊子离开家到一个很远的地方，去拜师求学。

有一天，乐羊子的妻子正在家里织布，突然听到乐羊子声音，见到他回来了，妻子很惊讶地问："你的学业这么快就完成了？"乐羊子喃喃地说："学业还没有完成，可是我在外面，天天想念你，所以回来看看。"他的妻子听了以后，转身拿起织机上的一把剪刀，嚓嚓几下把织布机上已经织好了的布剪成了两段，乐羊子忙上前阻挡，他的妻子就对他说："这织布机上的布，是一丝丝地累积成尺、成丈、成匹，是长期辛劳的结果，现在我把它剪断了，就等于前功尽弃， 白白浪费了时间。你读书求学，就是和我纺线织布一样是一个道理。"乐羊子又被妻子的

话感动了，于是便立刻离开了家，继续去拜师求学。

几年后，乐羊子终于完成学业，才返乡回家看望妻子。他的妻子高兴地迎接满载而归的丈夫。这个故事说明了，人不该半途而废，不然就达不到自己的目的。

好的计划可以事半功倍，随着事态发展不断改变处理方式以适应之，对环环相扣的情况要三思而后行，切忌半途而废，凡事往往都是需要坚持的，切忌不要半途而废。

在现实生活中，我们往往会因为半途而废而断送了自己美好的前程。

有这样一个大家众所周知的寓言：从前，凤凰做窝十分的好，而且许多鸟儿还慕名赶来学艺。先头鸟儿们十分认真，可日子一久，便没耐心，陆续飞走了，只剩下燕子还在学。最后其他鸟儿都只学了皮毛，而燕子却学会了真本领。

为什么有的鸟儿会半途而废呢？那是因为它们怕，麻烦，没有耐心，没有持之以恒的决心。其实在现实生活中，有些人，他们脚踏实地，坚持不懈，不论多么麻烦，多么困难，他们都坚持到底。而有些人呢？他们则像《群鸟学艺》中半途而废的鸟儿们，害怕困难，做什么做到一半就放弃了，到最后功亏一篑。

半途而废，会让人做事做到一半，功亏一篑，害处极大。所以说，我们无论做什么事都一定要从养成有始有终的好习惯做起，做一个坚持不懈的人。

§ 永不放弃自己的梦想

出身贫寒的松下，年轻时到一家电器工厂去谋职，这家工厂人事主管看着面前的小伙子衣着肮脏，身体又瘦又小，觉得不理想，信口说：“我们现在暂时不缺人，你一个月以后再来看看吧。”这本来是个推辞，没想到一个月后松下真的来了，那位负责人又推托说：“有事，过几天再说吧。”隔了几天松下又来了，如此反复了多次，主管只好直接说出自己的态度：“你这样脏兮兮的是进不了我们工厂的。”于是松下立即回

去借钱买了一身整齐的衣服穿上再来面试。负责人看他如此实在，只好说："关于电器方面的知识，你知道得太少了，我们不能要你。"不料两个月后，松下再次出现在人事主管面前："我已经学会了不少有关电器方面的知识，您看我哪方面还有差距，我一项项来弥补。"这位人事主管紧盯着态度诚恳的松下看了半天才说："我干这一行几十年了，还是第一次遇到像你这样来找工作的。我真佩服你的耐心和韧性。"于是松下幸之助这种不轻言放弃的精神打动了主管，他得到了这份工作。并通过不断努力逐渐成为电器行业非凡的人物。

松下的成功告诉我们。失败不仅是一次挫折，也是一次机会，它使你找到自身的欠缺，不轻言放弃，补上这一课，就成功了。

有个年轻人去微软公司应聘，而该公司并没有刊登过招聘广告。见总经理疑惑不解，年轻人用不太娴熟的英语解释说自己是碰巧路过这里，就贸然进来了。总经理感觉很新鲜，破例让他一试。面试的结果出人意料，年轻人表现糟糕。他对总经理的解释是事先没有准备，总经理以为他不过是找个托词下台阶，就随口应道："等你准备好了再来试吧"。

一周后，年轻人再次走进微软公司的大门，这次他依然没有成功。但比起第一次，他的表现要好得多。而总经理给他的回答仍然同上次一样："等你准备好了再来试。"就这样，这个青年先后5次踏进微软公司的大门，最终被公司录用，成为公司的重点培养对象。

什么东西比石头还硬，或比水还软？然而软水却穿透了硬石，坚持不懈而已。也许，我们的人生旅途上沼泽遍布，荆棘丛生；也许我们追求的风景总是山重水复，不见柳暗花明；也许，我们前行的步履总是沉重、蹒跚；也许，我们需要在黑暗中摸索很长时间，才能找寻到光明；也许，我们虔诚的信念会被世俗的尘雾缠绕，而不能自由翱翔；也许，我们高贵的灵魂暂时在现实中找不到寄放的净土……那么，我们为什么不可以以勇敢者的气魄，坚定而自信地对自己说一声"再试一次！"

再试一次，你就有可能达到成功的彼岸！

因为种子不愿放弃对生命的渴望，所以上天给了它生根的土壤；因为花朵不愿放弃花开的梦想，所以春天给了它雨露让它如愿以偿；因为

绿叶不愿放弃对葱郁的向往，所以夏天实现了它美好的愿望；因为果实不愿放弃成熟硕大的希望，所以秋天没有辜负果实殷切的期望；因为溪流不愿放弃奔流到海的梦想，所以浩瀚的大海才会无际无边迎风荡漾；因为河蚌不愿放弃生存的希望，所以那一粒粒的沙砾才会变成晶莹闪烁光彩夺目的珍珠串串；因为苍鹰不愿放弃搏击长空的梦想，所以蓝天才不会寂寥苍茫；因为年轻的我们对生活对未来充满了真诚的希望，所以生命给予了我们精彩而丰富的人生。

永不放弃心中的梦想，因为未来的路还很长；永不放弃心中的梦想，因为彩虹总是在风雨之后才能在天空中神秘地徜徉；永不放弃心中的梦想，因为一切的星星不仅指示着黑暗也报告着曙光！永不放弃心中的梦想，不是愚昧的坚持不是愚蠢的执着，那是对生命万万分的敬仰和感激，那是对生命无比深情的歌唱。

第十章

志须励，天生我材必有用

对于青少年而言，不要总是以为自己是一个失败的人。天生我材必有用，换而言之也就是说，人无完人，每个人都有自己的缺点，与此同时也有自己的优点。我们应该对自己充满信心，善于发现自己的优势所在，不论在何种境遇下，都要不断地暗示自己："我一定能行!"

1 走适合自己的路

在竞争日益激烈的今天，走适合自己的路是走向成功的明智的选择。心不要太高，给自己树立一个实际的目标。然后为之奋斗！成功人士都说要有明确的目标，唯有目标明确，方能实现梦想。鞋子合不合适，只有脚知道。适合的穿起来才会感到舒服，走得也更快，更远。

在当今多元化发展的社会，人人都会面临很多诱惑选择，但要知道，别人能做到的不一定你能做到，别人做不到的，说不定你就能做到。同样一件衣服，穿在不同人的身上效果是完全不同的，每个人都有其自身的特点，因此选择适合自己的很重要。

§ 合适自己的，才是最好的

刘海平，1966年出生在江西新建区一个小村庄。一岁半那年，他突然高烧不止。经医生诊断，他患的是小儿麻痹症。从此，他只能靠一条腿行走。1990年，刘海平考入了江西农大。毕业后，他回到乡里的一个养猪场当起了副场长，主要负责管理、技术和生产等方面的工作。

1998年的时候，养猪场迎来了一次改革。乡里决定对养猪场进行拍卖或租赁，以自愿组合的方式办场。当时，养猪场的报价是一百多万元，刘海平和一些在养猪场共事多年的同事一起，以每人5万元的“入股费”将厂子合伙“顶”了下来。

可不到两年，养猪场就出现了亏损，最后还是散伙了。刘海平当初投进去的5万元，只换回55头生猪。看着这些猪，刘海平既着急也上火，但他并没有打算放弃。为了节省资金，刘海平凡事亲力亲为，整日蹲守在猪栏前。他研究如何建猪圈，选什么猪种，喂养要注意哪些问题，如何防治疾病，等等。就这样，刘海平起早贪黑、勤勤恳恳，渐渐

摸索出了一套独特的养猪方法。

经过几年的努力，刘海平的艰辛付出终于有了回报。他的养猪场规模不断扩大，光存栏生猪就有 800 多头，比当初 55 头翻了十多番。生猪不但在本省销售，还远销香港等地。

残疾，是一种不幸，无论是对自己还是对家人都会留下难以弥补的遗憾。他们要承受巨大的打击，面对残疾的现实；他们要拖着残疾的身体和健全人一样去社会上打拼。他们活跃在各行各业，以他们自己独有的方式走着适合自己的路。

他们像散落的颗颗珍珠，默默地发着自己的光。应该试着借助这个平台，把散落的珍珠捡拾起来穿成串儿，让更多的人看到他们的美丽。

走适合自己的路，无论是谁都能成功地绽放自己的魅力。青少年在学习工作过程中也一样，找到一种适合自己的方法去学习去努力，效率就能很快提高，最终获得优异的成绩。

有一对夫妇在乡间迷了路，他们发现一位老农夫，于是停下车来问："先生，你能否告诉我们，这条路通往何处呢？"老农夫不假思索地说："孩子，如果你照正确的方向前进的话，这条路将通往世界上你想要去的任何地方。"

明确的方向能带我们走向目的地，南辕北辙只会越走越远。

§根据自身的特点去走

圣严法师小时候与父亲在江苏家乡河边散步，恰巧看到一群鸭子，正要下水嬉戏，法师看见河水被它们弄皱了，感到非常有趣。不久，鸭子又继续游向对岸。

父亲对圣严法师说："孩子，你看到了吧！每只鸭子在水面上，都游出一条属于自己的水路。大鸭子游出来的水路，是大路；小鸭子游出来的水路，是小路。每只鸭子都有自己的路，而且小鸭子也能够像大鸭子一样，从河的此岸到达河的彼岸。"

大鸭游出大路、小鸭游出小路，每个人都有自己的舞台，每个人都有他自己能够走的路。如果你的力量很大，能够走出大路，你也不要觉

得了不起，因为你也只是走一条路而已，你能够到达彼岸，别人也能够到达那边。如果你的力量很小，你也不要难过，不必羡慕别人的大路，不必认为自己没有用，因为你也能够到达彼岸。

有个鲁国人擅长编草鞋，他妻子擅长织白绢。他想迁到越国去。友人对他说："你到越国去，一定会贫穷的。"

"为什么？"

"草鞋，是用来穿着走路的，但越国人习惯于赤足走路；白绢，是用来做帽子的，但越国人习惯于披头散发。凭着你的长处，到用不到你的地方去，这样，要使自己不贫穷，难道可能吗？"

这个故事告诉人们：一个人要发挥其专长，就必须适合社会环境需要。如果脱离社会环境的需要，其专长也就失去了价值。因此，我们要根据社会得需要，决定自己的行动，更好去发挥自己的专长。知道箭是直的，还要知道弓是弯的。

同样是一件事，别人做起来可能艰难险阻，但自己做起来也许就十分顺利；同样是一条路；别人走起来也许是通天大道，而自己走起来却是崎岖不平的。所以，看准什么才是适合自己的，是走向成功的第一步。不求最好，但求适合。每个人的身上都会有与众不同的闪光点，没有必要只去羡慕他人的荣耀，更不要盲目地走别人的路子，只要找到适合自己的路，你的人生同样可以大放光彩。

2 敢于尝试，挑战自我

英国著名作家莎士比亚曾经说过："本来无望的事情，只要敢于尝试，往往就会获得成功。"的确如此，许许多多的事情都是这样，只要有勇气，就可以获得；若胆怯，只能望而兴叹。古往今来，只有敢于尝试，才能挑战自己，才能冒天下之大不韪，从而得到别人得不到的东西。

一切成功均来源于敢于尝试，有胆量尝试是成功的基石。居里夫人

由于敢于尝试而发现了镭，牛顿由于敢于尝试而发现了牛顿定理。凡事都有第一次，但并不是每次都能获得成功。可是，有所尝试，就一定有所作为。

§永远不要放弃

科学家曾经做过一个有趣的试验，他把蜜蜂和苍蝇分别放在一模一样的透明玻璃瓶子里，这两个瓶子虽然没有封口，但却有一个共同的特点，那就是瓶口很小。科学家把这两个瓶子都放在靠近窗口的位置瓶底朝着阳光，起初蜜蜂和苍蝇一样在瓶子里面不停地飞，不久蜜蜂就有了方向拼命向着有阳光的地方飞，每次都被碰得头晕转向，可每次习惯性地向着有阳光的地方飞去，不停地飞。可苍蝇却不这样，只是盲目不停地乱飞，终于有一次它碰到了瓶口，它自由了……

从某种程度而言，这就是人生，人生就是这样。只有不停地尝试，才能成功。作为青少年，不要让自己陷入自己设置的局限，每一个人都有自身的潜力，因此，需要不放弃，不断地尝试，只有敢于尝试，奇迹才会在你的身上发生。

不计其数的青少年在做事的时候，只看一眼，想一下，就觉得太难了，是不可能做到的，自然的也就不去做了，但是事情往往没有想象的和表面那么恐怖，只要你敢于迈开第一步，尝试一下，也许很容易就做到了。

因此，青少年要敢于尝试，即使失败了也不要放弃，这不仅是一种执着的精神，还是一种坚持的勇气。生活并不像表面看上去那样简单，既有可能柳暗花明，又有可能福倚于祸。

鲁迅曾经说过：“我什么也不怕，生命是我的，不妨大步向荆棘、峡谷、火坑走，都由我自己负责。”这是一种清醒的固执，更是在看清自己前途后敢于尝试的果断！

对于青少年而言，只有敢于尝试才会取得成功。即使最终没有做到完美，但偶尔挑战一下，也是比较有成就感的。

§ 尝试是开启成功的钥匙

美国百货大王梅西于1882年出生在波士顿，年轻时出过海，以后开了一间小杂货铺，卖些针线，铺子很快就倒闭了。一年后他另开了一家小杂货铺，仍以失败告终。在淘金热席卷美国时，梅西在加利福尼亚开了一个小饭馆，本以为供应淘金客膳食是稳赚不赔的买卖，岂料多数淘金者一无所获，什么也买不起，这样一来，小铺又倒闭了。回到马萨诸塞州之后，梅西满怀信心地干起了布匹服装生意，可是这一回他不只是倒闭，而简直是彻底破产，赔了个精光。

不死心的梅西又跑到新英格兰做布匹服装生意。这一回他时来运转了，他买卖做得很灵活，甚至把生意做到了街上商店。头一天开张时账面上才收入11.08美元，而现在位于曼哈顿中心地区的梅西公司已经成为世界上最大的百货商店之一。

梅西成功的故事告诉人们：如果一个人把眼光拘泥于挫折的痛感之上，他就很难再抽出身来想一想自己下一步如何努力，最后如何成功。

敢于尝试是一个人敢于挑战自我的表现。只有敢于尝试失败，才有可能取得成功；只有敢于尝试寒冬的刺骨，才会迎来春的温馨。对待任何事情都不要轻易说“不”，因为很多事情只有自己去做了，才知其中的奥妙。只有大胆地去做，才会明白原来有些事情并非高不可攀。轻易放弃的人总喜欢给自己找借口，因为他缺少尝试的勇气。

一只狐狸为了吃院里的葡萄，竟然饿了七天才得以穿过窄小的墙洞吃上了葡萄，而那些不敢尝试的狐狸终归无缘葡萄的滋味。只有大胆尝试才能有成功的机会，如果不敢迈出第一步，就永远体会不到成功或失败。

成功需要尝试，实现理想需要尝试，个人的成长和进步更离不开尝试。如果青少年不鼓足勇气去尝试，那就永远没有成功的机会。一个拳击运动员说：“当你的左眼被打伤时，右眼还得睁得大大的，只有这样，才能够看清敌人，也才能够有机会还手。如果右眼同时闭上，那么不但

右眼要挨拳，恐怕连命也难保！”拳击就是这样，即使面对对手无比强劲的攻击，你还是得睁大眼睛面对受伤的感觉，如果不是这样的话，一定会失败得更惨。其实人生又何尝不是这样呢？

想做就去做！青少年只有尝试，才能真正懂得它对你意味着什么，敢于尝试是开启成功大门的钥匙，好运就在尝试中。真正的富人在每个机遇来临的时候，总是积极地迎接，大胆地尝试，全身心地投入去开拓，去完美；在多数人还不认可的时候已经付出了辛勤的汗水和心血，甚至是在多数人鄙夷的眼光里成功的。

在人生的尝试中，青少年或许会遭受千百次的失败，或许会在尝试中遇到诸多的不顺利，但是，千万不能因此而放弃勇气，不能惧怕失败，只要冷静地分析失败的原因，机会就会非你莫属。

3 把一件事情坚持下去

人生贵在坚持，对于青少年而言更是如此。当欲望汹涌时，坚持那份淡薄与宁静；当惨遭不幸时，坚持那份乐观与坚强；当面对危机时，坚持那份自信与独立；当受到打击时，坚持那份自尊与豁达……坚持是一种难能可贵的品质，青少年只有拥有这种品质，才会使人生进入一个更高的层次与更新的境界，才能收获更丰富的智慧之果。

青少年若要获得成功，就必须把一件事情坚持下去，做任何事情均不能半途而废．只有这样，才能取得预期的效果。

§凡事都要坚持

在开学的第一天，古希腊大哲学家苏格拉底对学生们说：“今天咱们只学一件最简单最容易做的事儿。每人把胳膊尽量往前甩，然后再尽量往后甩。”说着，苏格拉底示范做了一遍示范：“从今天开始，每天

做 300 下。大家能做到吗？”

学生们都笑了。甩胳膊这么简单的事，还用做吗？连三岁小孩都能做到的。过了的三个星期，苏格拉底问学生们：“现在还有哪些同学在坚持做这个动作？”有很大部分同学骄傲地举起了手。然而又过了一个月后，苏格拉底又问有哪些同学坚持了，这时举起手的同学寥寥无几。

半年过去了，苏格拉底再一次问大家：“请告诉我，最简单的甩手运动，还有哪几位同学坚持了？”这时，整个教室里，只有一人举起了手。这个学生就是后来古希腊的另一位大哲学家——柏拉图。

事情不在于它是否简单，如果认为它简单而不去做，那么在对待大事上，你也不会如愿以偿，达到自己的目标。

曾有这样一句格言：让一切都来吧，时间和我们都能接受挑战，因为我们学会了坚持和等待。坚韧隐忍的性格、高贵美丽的心灵，是每一个青少年应该具备的重要品质。许多事情并不是总能一蹴而就的，因此，当遇到任何事情时，青少年不能急躁或者冲动，感情用事，只有具有一定的自制力，才能做生活的强者。时间是世界上最伟大的力量，谁都不能与之抗衡，跟它较量。或许有些时候、有些事情、有些人、或有些外界的东西也可能具有很强的力量，但只要坚持下去，时间的威力就会逐渐显示出来，幸运的女神终将会给那些勇于坚持和善于等待的人以更多的青睐。

在悠远广阔的时空宇宙中，我们应该常常保持从容的心态，坚守住自己的原则，坚持住自己的事业，直到永远。然而在追求成功的道路上坚持到底却是不容易的。每个人都在追求成功，但成功需要千百次艰难的探索甚至时而还会付出一些血的代价。例如：在一次次血的“教训”中，在永不言弃的试验中，诺贝尔发明了炸药，给人类征服自然带来了锐利的武器；爱迪生在经过一千多次实验后才发明了白炽灯，为人们带来光明。然而还有一些人，在追求成功的道路上，浅尝辄止，遇到困难、挫折和失败，就掉头离去，不计其数的人们正是在一次次锲而不舍的奋斗中，才取得了令人欣喜的成绩，才被他人所敬仰。这一切的原因就是因为一种精神——坚持。

在现实生活中，一些青少年常会忽略一系列细节，对于可能性不大的事，通常是试都不试就放弃了。这也许出于青少年自身的惰性，但更大的原因就是，青少年在做事之前并未做出倾其所有、尽力而为的打算，于是便与机会擦身而过。“不经一番寒彻骨，哪得梅花扑鼻香？”的确如此，成功不是信手拈来那么容易，只有通过不断拼搏才能获得。因此，成功是一种锲而不舍的过程，只有把一件事情坚持做下去，才能赢得胜利。

§做到有始有终

在美国，24岁的约翰逊是一个再普通不过的人物，他以母亲的家具作抵押，得到了500美元贷款，建立了一家小规模的出版公司。在这个公司里，他创办的第一本杂志是《黑人文摘》。为了扩大发行量，他有了一个非常大胆的想法：组织一系列以“假如我是黑人”为题的文章，请白人在写文章的时候把自己摆放在黑人的地位上，并要求作者以认真严肃的态度看待问题。

约翰逊心想，如果请罗斯福总统的夫人埃莉诺来写一篇这样的文章是最好不过了，于是，约翰逊便写了一封请求信交给了罗斯福夫人。收到约翰逊的信后，罗斯福夫人回了信，声称自己太忙，没有时间写。约翰逊见罗斯福夫人没有说自己不愿意写，就决定坚持下去，一定要使罗斯福夫人写这篇文章时才肯罢休。

一个月时间过去后，约翰逊又写了一封信给罗斯福夫人，夫人仍回信说太忙。此后，每过一个月，约翰逊就给罗斯福夫人写一封信，夫人也总是回信说连一分钟的空闲也没有。约翰逊依然坚持发信，他相信，只要他坚持下去，夫人总有一天会抽出时间的。

一天，在报纸上，约翰逊看到了罗斯福夫人在芝加哥发表谈话的消息。他决定再试一次，他这次发了一份电报给罗斯福夫人，问她是否愿意趁在芝加哥的时候，给《黑人文摘》写一篇文章。

最终，罗斯福夫人被约翰逊的坚韧性感动了，为他写了一篇文章。结果，《黑人文摘》的发行量在一个月之内由5万份增加到15万份。这

件事情过后，约翰逊的事业呈现出重大转变。后来，约翰逊的出版公司成为美国第二大的黑人企业。

做任何一件事情，都要有始有终，坚持把它做完。不要轻易放弃，如果放弃了，你就永远没有成功的可能。如果遭受挫折时，你要反复告诉自己：把这件事情坚持做下去。

坚持，是意志力顽强的表现。坚持，它不是口头上的豪言壮语，而是要求付诸行动，从一点一滴做起，不怕困难，不怕挫折，顽强拼搏，甘于寂寞，乐于清贫，脚踏实地，经得起艰难困苦的考验。

对于青少年而言，不论做任何事情，都不要轻易放弃。因为如果你放弃就没有成功的希望，所谓："行百里半九十""为山九仞功亏一篑"，成功是属于坚持到最后一分钟的人们。若不能坚持到底，只是白白浪费前面一切的苦心，而徒劳无功，"不要轻言放弃"是人生中的最高准则之一。

如果你想做一些自己想做的事情，并且想要成功，那就必须抱定目标勇往直前。作为青少年，只有不断坚持，才会使他人看到你的才能，从而欣赏你的才华。"人生有梦，筑梦踏实"，如果把梦想只停留在梦想阶段，那么就永无实现的一天，何不趁着在年轻时让梦想成真？青少年若要圆自己人生的梦想，做一个掌握自己生活的主人，就要学会坚持。

在追求成功的道路上，除了要有动力的源泉、成功的渴望、充满自信，还要有坚持不懈的精神。对于青少年而言，没有什么比坚持不懈更为重要。英国首相丘吉尔在演讲的时候，他只用三句话而告诉大家这样一个秘诀：第一句是"绝不放弃"，第二句是"绝不绝不放弃"，第三句是"绝不绝不绝不放弃"。与此同时，他告诉青少年们：在不断追求成功的道路上，绝不能轻易放弃！

比尔·盖茨说："只要坚持就有未来。"而且还说道："所谓的奇迹，不过是坚持的结果。"因此，青少年应该做到凡事有始有终。

4 超越别人，先要超越自己

超越是沙漠中的跋涉，是逆境中的奋起，是梦想缤纷的希冀，是迎接死神的笑靥。它把每次失败都归为一个尝试，不去自卑；他把每一次成功都想象成一种幸运，不去自傲。

超越，是对诱惑的藐视，是对伤害的豁达，是爱与爱的牵手，是生与生的谦让。它把尘封的心胸敞开，让狭隘自私逃亡；它把自由的心灵放飞，使宽容达观回归。

超越，是灵魂的净化，是境界的升华，是心灵的后花园，是人生永恒否定与不断发展的日臻完善。

§把握自己，战胜自己

有一对父子俩都是拉比。父亲性格温和，考虑周到；而儿子却孤僻、傲慢，所以他一直没有成功。

有一天，儿子对父亲抱怨，老拉比说："我的孩子，作为拉比我们之间的区别是：当有人向我请教律法上的困难问题时，我给他回答。他提出的问题以及我的回答，我的提问人和我都满意；但是若有人问你问题，则双方都不满意——你的提问人不满意，是因为你说他的问题不是问题；你不满意是因为你不能给他一个答案。因此，你不能怪别人而必须放下架子鼓励自己，才能成功。"

"父亲，你是说我必须超越自己？"

"是的，"父亲回答，"真正超越自我的人，才是真正成功的人。"

成功人士与普通人们的差别在哪里呢？他们的差别就在心态。成功的人士比一般的人们富一千倍，难道他们就比普通人们聪明1000倍吗？绝对不是！

现代科学表明，人的资质相差不多，人与人之间的差异也是后天造成的。试想一下：你的中小学同学，大学同学毕业的时候大家的起点都是一样的，而过了很多年后，同学再次聚会的时候，你会发现大家的变化，有的同学开着奔驰宝马，有的开着帕萨特、宝来，而还有人骑着自行车，大家的差距由此可见。难道你觉得同学间的智力差距就真的那么大吗？绝对不是！人生成功的关键是把握自己，战胜自己。

当今社会，生存竞争日趋激烈，能否在社会生活中占有一席之地，在很大程度上取决于能否战胜他人。无论如何，青少年必须面对这个现实：若要战胜他人，首先必须战胜自己。

每个人都有自己的弱点，这些弱点在与他人的较量中往往被对手利用或击中，使自己陷于被动或失败的境地。这种自我的局限性是人们战胜他人的主要障碍，谁能超越它谁就会所向无敌。

刘墉曾说过："一个人最大的敌人，就是自己，只有超越自我，方可超越别人。"青少年只有学会超越自我，才能战胜他人。

§超越一切，超越自己

张海迪小名叫玲玲。出生于1955年的张海迪在5岁之前，拥有一个幸福的童年，快乐而活泼，成天蹦蹦跳跳地跑来跑去。可惜，蹦蹦跳跳的时光是那样短暂。还不到6岁的时候，她突然得病了。经过反复检查，医生确定她患的是脊髓血管瘤，病情反复发作，非常难治05年中，她做了3次大手术，脊椎板被摘去6块，最后高位截瘫。这样，原来天真活泼的玲玲，现在只能整天卧在床上。一天，玲玲终于按捺不住心中的渴望，就对妈妈说："妈妈，我要上学！"

她的坚强意志说服了妈妈，妈妈把她送进了一个特殊的学校。在这个学校里，聪明、好学的玲玲学会了很多知识。在所有功课中，玲玲最喜欢学习语文，在10岁时候就能读长篇小说了，虽然读得很辛苦，但她不气馁。她很喜欢读《卓娅与舒拉的故事》。除了语文，玲玲对别的功课也非常用心，一点儿也不肯浪费时间。在整个童年，她以顽强的意志，认真学习，始终用心对待每一个字，每一行句子，自学了小学、中

学的全部课程，实现了“轮椅上的梦”。用玲玲自己的话说，她没有愧对自己的童年，也没有愧对那些美好的光阴。

在那里，张海迪度过了15年的时光，爸爸妈妈的爱，小伙伴及朋友的爱，也使张海迪更有信心面对未来。一直以来，她凭着自己的意志而自学成才。

1981年12月，《人民日报》首次报道了张海迪的事迹；1983年2月，张海迪被山东省政府授予“劳动模范”称号，被共青团中央授予“优秀共青团员”称号。还曾获得全国“三八”红旗手、全国自强模范等称号。

1983年起，张海迪开始从事文学创作，先后翻译了《海边诊所》《小米勒旅行记》和《丽贝卡在新学校》等英文作品，创作了《生命的追问》《轮椅上的梦》《绝顶》等作品，其中，《轮椅上的梦》已在日本和韩国出版。

1993年4月，通过发奋苦学，张海迪获得了吉林大学哲学硕士学位。

1997年，张海迪被日本NHK选为“世界五大杰出残疾人”，她的事迹，从此传向世界……

在这些荣誉面前，张海迪并没有停止追求。虽然在，轮椅上生活了漫长的44年，但在这44年来，她从未被病痛所打倒，始终艰难地向上着，绝不放弃每一分钟的努力，也没有白白度过生命的每一程。

张海迪的成功就在于她从不关心周边的人如何看她，她始终相信自己，超越自己。

勤以自勉，超越自己，这种人才最终会走上成功的道路。超越别人也许获得的只是权益，而超越自己得到将是内心的升华。因为最强大的敌人不是别人而是自己，成功人士与普通人们之间，强者与弱者之间，成功者与失败者之间，最大的差异在于意志的不同，一个人只有拥有自信，才会拥有一定的意志，才会具备挑战自我的素质与内驱力，从而成为一个成功者。

尼采曾这样说过：“生命企图树起自己的云梯——它渴求眺望到遥远的地方，渴望着最醉心的美丽——因为它要求向上！”“生命企图升

起，升起而超越自己。超越自我是生命的要求。”生命渴望的地方，就是每一个青少年选定的目标和理想。为什么天那么高，那么阔，能够使万物滋长于其中？因为它凌驾于山之上，水之涯，无穷无尽地向远方延伸着，它的空间清明而寥远……青少年也是如此，只有超越一切，才能超越自己。

5 磨炼成功的热情

博伊尔说：“伟大的创造离开了热忱是无法做出的。离开了热忱，任何人都算不了什么；而有了热忱，任何人都不可以小觑。”纵观古今中外的成功人士，他们有一个共同的特点，那就是都拥有一颗热情激昂的心。一个人如果对人生、对工作、对事业、对朋友没有热情，那么，他一定不会拥有大的作为。

爱迪生也曾说过：“热情是能量，没有热情，任何伟大的事情都不能完成。”真正的热情是一种既有价值又具感染力的感情。

§ 充满热情地面对生活

曾有这样一组简介：

1809年，出生在寂静的荒野上的一座孤独的小木屋。

1816年，7岁，全家被赶出居住地。经过长途跋涉，穿过茫茫荒野，找到一个窝棚。

1818年，9岁，年仅34岁的母亲不幸去世。

1826年，17岁，已经什么农活都能干了，经常帮人打零工。

1827年，18岁，　自己制作了一艘摆渡船。

1831年，22岁，经商失败。

1832年，23岁，竞选州议员，但落选了。想进法学院学法律，但

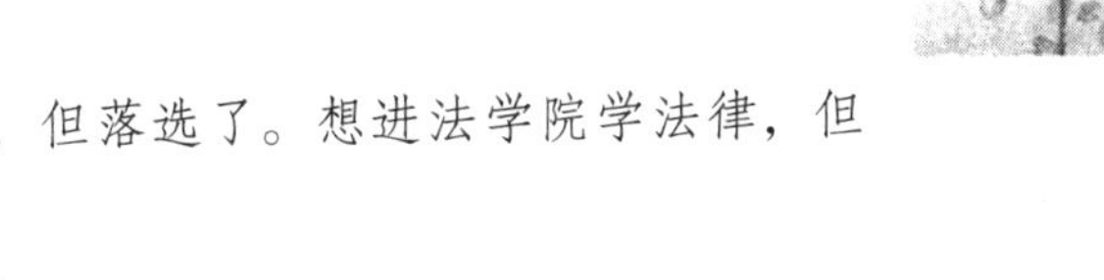

进不去。

1833年，24岁，向朋友借钱经商，年底破产。接下来花了16年，才把这笔债还清。

1834年，25岁，再次竞选州议员，竟然赢了。

1835年，26岁，订婚后即将结婚时，未婚妻死了，因此心也碎了。

1836年，27岁，精神完全崩溃，卧病在床6个月。

1838年，29岁，努力争取成为州议员的发言人，没有成功。

1840年，31岁，争取成为被，选举人，落选了。

1843年，34岁，参加国会大选，又落选了。

1846年，37岁，再次参加国会大选，这次当选了。

1848年，39岁，寻求国会议员连任，失败了。

1849年，40岁，想在自己的州内担任土地局长，被拒绝了。

1854年，45岁，竞选参议员，落选了。

1856年，47岁，在共和党的全国代表大会上争取副总统的提名，得票不到1 00张。

1858年，49岁，再度参选参议员，再度落选。

1860年，51岁，当选美国总统。

对于这些简介，或许大家已经比较熟悉，他就是美国第16任总统亚伯拉罕·林肯。从他的简介中可以看出他的一生是坎坷的，然而他却没有埋怨上天，一次又一次地失败，一次又一次地站起来，最终他获得了成功，当选美国的总统，而支持他撑过这么多艰难困苦日子的信念就是热情，因为他对生命充满了热情，充满了希望，他始终相信上帝对每一个人都是公平的，因此，对于每一天他都以一种充满热情的心过着。

威廉·费尔波是耶鲁最著名而且受欢迎的教授之一。在他那本富有启示性的《工作的兴奋》一书中，如此写着："对我来说，教书凌驾于一切技术或职业之上。如果有热情这回事，这就是热情了。我的爱好教书，正如画家的爱好绘画，歌手的爱好歌唱，诗人的爱好写诗。每天起床之前，我就兴奋地想着有关学生的事……人在一生所以能够成功，最重要的因素是对自己每天的工作抱着热情的态度。"美国文学家爱默生也曾说过："人要是没有热情是干不成大事业的。"热情不仅仅只是外在的表现，当你获得激情时它会占据你的内心。因此，对于青少年而言，只有充满热情，才能创造奇迹；只有充满热忱，才能感受到生活的多姿多彩。

§ 热忱是成功的武器

南非卡耐基课程的一位学员阿尔夫·麦克衣凡运用了热忱原则，和一个暴烈难缠的顾客建立了生意往来。

他代表一家出租起重机给承包商的公司，那位被他称之为“史密士先生”的总是非常粗鲁无礼，经常大发脾气，见了两次面，“史密士”都拒绝听他的解说，但是麦克衣凡还是要再见史密士二次。麦克衣凡说出了经过：“他又在发脾气，站在桌子前面向另一个推销员大声吼叫。史密士先生脸红得像番茄一样，而那个可怜的推销员正浑身抖个不停。我不愿意让这种景象吓倒我，我决心表现出我的热忱。”

当阿尔夫·麦克衣凡进史密士的办公室时，史密士粗声粗气地说道：“怎么又是你。你要什么？”在史密士继续说下去之前，学员阿尔夫·麦克衣凡先展开微笑，以平静的声音和最热忱的态度对他说：“我要将所有你要的起重机租给你。”令人想不到的是史、密士竟然站在办公桌后面十五秒钟都没有说话，而且以十分不解的眼光看着阿尔夫·麦克衣凡，然后又说了一句令人震惊的话：“你坐在这里等我。”当史密士在一个半小时以后回来，招呼阿尔夫·麦克衣凡说：“你还在这里。”阿尔夫·麦克衣凡告诉史密士说：“我有非常好的计划，我必须要在介绍了这个计划之后才会离开。”结果阿尔夫·麦克衣凡和史密士竟然订了一年的合约，而且此后还可以做更多的生意。

卡耐基曾经说过：“热忱是鲜为人知的成功秘诀。”热情是人们成功的武器，只有抓紧了它，才能抓住成功。当青少年每天都能积极面对自己的学习，看到它的价值和意义，负面的情绪自然将会丧失它生存的空间。毕竟你在特定时刻只能存在一种单一的情绪，当心中感到热忱时，就不可能同时感到冷漠。然而，由于学习、生活、人际交往等所遇到的一系列问题，一部分青少年很难永远维持高度的热忱。极大的热情与一

般的热情是不同的；终身拼搏与“三分钟热度”是根本不一样的，有志者在不断追求成功的过程中，总是怀有极大的热情及持久的热情，因此，他们能够成功，这就是为什么有些人极具热情而又不能获得成功的原因。

热情的源泉来自对学习、对生活的热爱，对朋友、对家人、对社会的热爱与依赖。为此，爱是一切动力的源泉。爱可以改变一切，爱是热情之母。热情是成功之母，成功者一定充满热情，而失败者一定丧失热情。有热情不一定成功，而缺乏热情一定不会成功。因此，青少年只有用积极、热情、博爱和宽容的态度面对学习，面对生活，面对社会，才会更好地走向成功。